緑風出版

まえがき

二〇二〇年代の国際社会に蔓延《はびこ》る戦争の嵐。恐らくそれは、これまで国際社会が蓄積した矛盾が暴力の形を採って噴出しているのだろう。一九四五年の第二次世界大戦終結から、八〇年近い時が経過する。この間にも戦争規模の大小は別として、戦争や紛争という名の暴力が世界中で頻発してきた。

確かに、戦後八〇年間に世界全体を巻き込むかのような大国間の戦争は起きなかった。頻発した戦争は、ほとんどの場合、「局地紛争」なる用語で語られてきた。けれどその局地に居住する人たちにとっては、全面戦争と何ら変わらないものであったろう。その間には、国家対非国家、正規軍対非正規軍の戦争も相次いだ。

大国間の戦争の不在は良しとしても、その代わりとして「局地紛争」と言う名の戦争が頻発し、戦争被害に塗炭《とたん》の苦しみを背負わされてきた数多《あまた》の人々の存在が後方に追いやられてきた。

大国間の戦争であれ、「局地紛争」であれ、あるいは正規軍対非正規軍の戦であれ、戦争という名の国家暴力は、何故に後を絶たないのだろうか。数多の諸国が、軍隊を強化するのは、戦争を抑止するためだと言う。ならば、大国が巨大な戦力を蓄えることで、戦争を防ぐための抑止力が利いたのか。結果を観れば明らかだ。抑止力の強化・向上を口実とする軍拡を重ねても戦争は頻発しているではないか。

第二次世界大戦後、大国間の戦争は起きなかったが、その一方では軍事大国と言われる国々が戦力が明らかに劣る国家への暴力行使としての戦争を繰り返し仕掛けて来た歴史が刻まれてきた。アメリカとベトナム（ベトナム戦争）、ソ連とアフガニスタン（アフガン戦争）、中国とベトナム（中越紛争）、イギリスとアルゼンチン（フォークランド紛争）等々。

この戦争形態は今日も続いている。その一つが、ロシアのウクライナ侵攻である。それぞれの戦争の原因は相違する点も多々あるが、共通することは国力も戦力も格差がありながら、一方的に戦力を投入して覇権を貫徹しようとする。これが現代戦争の本質である。

近々ではイスラエルとパレスチナの戦争が再燃している。二〇二三年一〇月七日、パレスチナの武装組織ハマス（イスラム抵抗運動）の突然のイスラエル攻撃により、双方に甚大な犠牲者を生み出す契機となった。二〇二三年一一月末現在、イスラエル軍のガザ地区への軍事侵攻が行われている。明らかに過剰な「自衛権発動」である。長い年月を通しての両者の歴史的な対立は依然解消されていない。パレスチナの人たちが自らの土地を奪われ、小さなエリアに追い込まれ、囲い込みされる状況下に置かれ続けている。それは国家としての自立も独立も、現在にまで続く大国の植民地主義によって許されていない。民族国家パレスチナと軍事国家イスラエルとの戦争となっている。

こうした問題も含め、本書の「**第一章　ロシア・ウクライナ戦争の停戦と和平交渉への道**」において、停戦をめぐる様々な議論が錯綜するなかで、和平派と正義派との対立の問題を俎上に挙げて論じている。この場合の停戦の対象は、ロシアとウクライナとの戦争だが、合わせてイスラエルとパレスチナとの戦争の停戦も視野に入れている。

勿論、筆者は何れの戦争にも停戦を求めるものだが、正義派の論及にも大いに関心を抱いている。停戦をめぐり和平派と正義派とが分立する状況が続いているが、それぞれの認識をこの用語だけで示すことは限界があろう。ただ、議論を深めていく前提として、敢えて両派に分けて、それぞれの見解や認識の問題点を探ってみた。

そして停戦問題に拘る以上、特にロシアとウクライナの戦争を如何に評価するのかについての論究は不可欠である。評価如何によって、停戦和平か戦争継続かの大きな判断材料ともなろう。この問題について、取り敢えず停戦論者を和平派、戦争継続派を正義派とカテゴライズして、議論を進める。勿論、この問題を二項対立に矮小化することはナンセンスと考える。問題は、二項対立を超える視点の共有に思われる。

私も現時点で明快な解答を持っている訳ではないが、両者の乖離を埋める場合に不可欠な国家と人間の相関性について語ることは大切ではないかと思う。即時停戦論者である私は、先ず国家を忘れ、人間を思い返すという、極めて原点的な語りを行っている。

「**第二章　日本の安全保障問題の現段階**」は、私の最大の関心事である、現在の自衛隊が戦争遂行能力の研ぎ澄ましに注力している現状を問うている。いつの間にか、実態として自衛隊は「戦争が出来る」能力を身に付けてしまったと結論付けて良い。勿論、自衛隊が単独で戦争をする訳ではなく、あくまでアメリカを筆頭とする多国間軍事ブロックの枠内での実行である。しかし、重厚長大な武装によって戦争抑止は可能かについて、いまいちど冷静な思考が求められているのではないか。

ここでは「安保三文書」が公表される以前の予測をも踏まえ、「安保三文書」の改訂問題をも取りあげている。同時に、その内容を批判していく。その前提として、「安保文書」は中国、ロシア、朝鮮を敵視する内容を赤裸々に綴っていることの問題性に触れた。同時に日米安保とNATOとの接続を試みる、新たな多地域間軍事ブロックの形成が俎上に挙げられている実態を追ってみた。そして、公表後の「安保三文書」の内容をあらためて検討し、そこに示された危険な方向性につき批判を行っている。今後日本の安全保障政策の大転換となる公文書である点を指摘した。

「**第三章　安全保障政策はどうあるべきか**」は、日本政府の進める安全保障政策が、軍事主義に依拠する軍事的安全保障であり、そこでは国家防衛の徹底が説かれていることを指摘した。それが本当に国民防衛に直結しているのかと問えば、限りなく疑わしい。改めて既存の安全保障政策から脱して、代替政策として非武装中立・非同盟政策の現実性を論じた。そこでは、戦争を誘う軍事同盟が本当に戦争抑止として機能するのかを問い直しておきたいと思う。

とりわけ、本章で強調したのは、政府・防衛省が防衛力の強化・向上の理由づけとする抑止力の無効性と同盟の危険性を歴史の経緯を含めて論じている点である。敵基地攻撃能力の保有は、反撃能力と用語は変わっても同質のものであり、それは自衛隊が長年採用してきた「専守防衛」戦略を放棄して、「先制攻撃」戦略への転換を意味すると考えている。こうした新たな事態を受けて、あらためて日本の安全保障の実態に触れてみた。

「**第四章　これからの私たちの取り組み**」については、現在も活発に進められている日本政治の転換の方策と同時に岸田政権の本質を探りながら、脱岸田・脱自民・脱保守体制への展望を述べる。そこでは焦点となっている日本の安全保障政策の議論の中心に非武装中立・非同盟政策を据え置くことを前提に論じている。日本政府及び保守政治が進める安全保障政策が国家防衛にのみ焦点を絞り、国民の生命・財産の保守を二の次にしている現実を踏まえて、私たちが選択すべき政策としての非武装・非同盟中立を展望しながら、人間の安全保障（＝「いのちの安全保障」）を実現する方向性のなかで論じている。

なお、本書には全部で一五本の短い評論を収めている。第一章こそ書下ろしだが、第二章以下は一部を除き雑誌への寄稿文や二〇二三年中に全国各地で行った講演用レジュメやパワポ用シートをベースに文章化したものである。従って、これらの評論は最初から一冊に纏めるために書かれたものでないだけに、相互に若干の重複がある。それぞれの評論が独立して執筆・記録されていることから生じたものであり、この点は御海容願いたい。

本書が出版されている頃には、簡単でないことを重々承知してはいるが、ロシアとウクライナとの戦争、そして再度大きな衝撃を与えているパレスチナとイスラエルとの戦争が停戦を迎えていることを期待したい。本書が日本の安全保障政策を含め、多様な議論の一助となれば幸いである。同時に立場を超えて即時停戦と反戦・反侵略の声を挙げつつ、平和的共存の未来を展望していきたいものである。

纐纈　厚

二〇二三年師走

ウクライナ停戦と私たち◉目次

第二章

安全保障問題の現段階~戦争の「できる」国から「する」国へ~ 81

第四章 これからの私たちの取り組み 173

3. いまこそ非武装中立・非同盟政策の実践を！——平和実現の最終方途として——　197

第一章
ロシア・ウクライナ戦争の停戦と和平交渉への道

1．停戦を阻むものは何か

滞る停戦の行方

二〇二二年二月二四日、突如としてロシア軍がウクライナ領土に侵攻した日から、既に二年近くなる。日本のメディアや世論は、ロシア・ウクライナ戦争をどのように語ってきたのか。

欧米、とりわけ北大西洋条約機構（以下、ＮＡＴＯ）諸国からの高速軌道ロケットシステムや戦車に装甲車、そして最近では、戦闘機など戦争の道具が次々にウクライナ支援の名の下に提供されているニュースに接する。

戦争状況ではロシアのウクライナ各都市への無差別爆撃が繰り返され、各都市の人的被害とインフラ破壊が日々深刻化している様子が伝わってくる。他方、ロシアは依然として侵略戦争を仕掛けておきながら、この戦争を「特別軍事作戦」と呼び、国際法の言う「戦争」には該当しないと言い放ったままだ。かつて帝国日本の陸軍が中国を侵略しながら、「事変」（Incident）と称して、第二次世界大戦で敗北を喫するまで、「戦争」（War）と宣言しなかったことと同質である。ロシア軍は、国内の部分的動員も進めているようだが、ともかくウクライナ・ロシアの両方で戦死傷者は、二〇二三年の夏時点で凡そ五〇万人に達している、との報道もなされている。

予想外の長期戦となったロシア・ウクライナ戦争。この間にロシアとウクライナとの間で停戦の協議が全く行われなかった訳ではない。実際、両国に一定の関係を保持するトルコのエルドアン大統領やフランスのマクロン大統領が停戦につき提案を行ったとされる。

だが、開戦当初は停戦の動きがあったものの、その後において少なくとも表向きに行われた気配はない。ウクライナへの軍事支援が強化される一方だった。そのためもあって、ウクライナ軍の善戦が際立ち、ロシア軍が全体として押され気味と言われてきた。もう少しウクライナの軍事支援が継承・強化されれば、ウクライナ軍の勝利も見えてきた、とする欧米側の観測もあってか、最後の一押しとばかりに、NATO諸国は我先にと軍事支援を続けている。

ロシアの核兵器投入の可能性と第三次世界大戦への発展の恐れから地上兵力こそ控えているものの、ロシア対ウクライナという二国間戦争の様相を呈しながら、実際にはロシア対NATO諸国との戦争という構図に陥っている。かつて朝鮮戦争において北側にソ連や中国が、南側にアメリカ、イギリス、フランス、カナダなど合計一六カ国が参加するなど、多国間の戦争に発展し、「国際内戦」と称された戦争と酷似する戦争となっている。

停戦の歴史を振り返る

停戦問題に絡めて、一つの歴史を簡単に振り返っておきたい。

一九五三年七月二七日に調印された「朝鮮戦争休戦協定」（以下、「休戦協定」と略す。正式名称は、「朝鮮における軍事休戦に関する一方国際連合軍司令部総司令官と他方朝鮮人民軍最高司令官および中国人民志願軍司令員との間の協定」）は、同日の午前一〇時、発行が同日の二二時となっており、署名から発行まで僅か一二時間（半日）という異例のスピードの協定となった。これ以上の戦死傷者を出さないため時間を惜しんだのである。両陣営にとり、兵士や国民の犠牲が甚大であったということだ。「休戦協定」には、「最終的な平和解決が成立するまで朝鮮における戦争行為とあらゆる武力行使の完全な停止を保証する」と規定された。確かに、ここで言う「最終的な平和解決」は、今日に至っても成立しておらず、この間にも南北朝鮮間ではポプラ事件（一九七六年）をはじめ、数々の衝突が起きた。朝鮮軍による韓国大統領府（青瓦台）襲撃事件（一九六八年）や江陵《カンヌン》浸透事件（一九九六年）、さらに天安《チョナン》沈没事件（二〇一〇年）、延坪《ヨンピョン》島砲撃事件（二〇一二年）など南北間の紛争が続いたのである。

そうした紛争は後を絶たなかったが、少なくとも戦争当時の大規模な戦闘は消滅した。「休戦協定」は、アメリカと旧ソ連の仲介により進められた。だが、決して当初から協定調印の可能性があった訳ではない。大韓民国（韓国）の李承晩《イスンマン》大統領は、最初如何《いか》なる平和会談をも拒絶しており、それどころかこれを機会に北側を敗北に追い込み、南北統一を求めていた。これを「北進統一」と言う。一方の朝鮮民主主義人民共和国（朝鮮）の金日成《キムイルソン》首相も朝鮮主導による南北統一を企画していた。これを「赤化統一」と言う。

しかし、両者とも戦争の長期化・膠着化が進み、人的損害が肥大化するに従い、和平協定への姿勢に変化が見え始める。これに加えて凡そ一〇〇万人とされる義勇軍を派遣した中国の毛沢東主席も、当初和平への関心を示さなかったが、甚大な義勇軍の犠牲とアメリカによる核攻撃への恐れも手伝って態度を軟化するに至った。

そこに世界の停戦を求める国際世論の昂揚があったことは言うまでもない。こうして「休戦協定」は、様々な困難を乗り越える格好で調印署名に至った歴史がある。

いま、ロシア・ウクライナ戦争の停戦を求めるにあたり、「休戦協定」の歴史経緯を先ずは参考に出来るのではないか。勿論、これまでに世界の数多の紛争において休戦協定に類似した事例は沢山存在するが、米ソ中という大国が直接間接に関わった戦争において、休戦に取り敢えず成功した事例から教訓として学ぶものは実に多い。

戦争終結の方途

ロシア・ウクライナ戦争の停戦・休戦を考える上で、実際に如何なる困難や進め方があるのであろうか。その前提として、ここで簡単に停戦や休戦の基本概念を整理しておこう。

まず、停戦（ceasefire）と休戦（truce）との違いである。停戦は戦争時に戦闘行為を完全に中止することを言う。休戦は戦闘行為を一時休止することであり、兵員の休息や負傷者の救出・治療を目的とする。停戦も休戦も戦時国際法である「ハーグ陸戦法規」第三六条に依れば、その合意は口頭で行われることが許されている。休戦の場合、時間の限定を定める場合は、一時休戦と称する。こうした定義づけでも課題も多い。停戦にしても、最初から限定性を孕む休戦にしても、何れか一方の恣意的な判断で簡単に放棄される事例が極めて多い。*1 ミンスク合意もその一例である。*2

そもそも停戦も休戦も一方が敗北を認めての降伏でないため、兵力移動や戦力備蓄の時間確保として提案される場合もあり、戦術的なニュアンスで導入されることもあることだ。戦争の完全な終結を目的とするものが講和条約または平和条約の締結だ。この場合は戦争当事国ではなく、第三国の仲介が不可欠となる。戦争終結のためには、第三国の仲介や介入が不可欠である理由がここにある。

停戦や休戦の利点あるいは意義も当然ながら多い。何よりも戦争当事国の双方いずれかが降伏・敗北せずとも、戦争終結に道を開くことは可能なことである。そうなると戦局において不利を強いられた側からすると、停戦や休戦によって降伏・敗北に起因する国内の混乱を最小化できる可能性がある。

例えば、一九四五年八月一五日に日本はポツダム宣言受諾によって戦争の終結に漕ぎつけ、ここで言う停戦を果たすことができた。同日を一般的に「終戦」と呼ぶが、ただしくは「停戦」である。ともかく戦闘中止により、兵士の損失を防ぎ、国内インフラが破壊されることを避けることができた。その後、九月二日に連合国側との休戦協定により降伏し、さらにサンフランシスコ講和会議で漸く講和条約の締結に至った。一九五一年九月八日のことであったが、同条約が発効した一九五二年四月二八日に、国際法から言えば正式に戦争終結を迎えたことになる。つまり、日本の場合、停戦から戦争終結までに七年間も要したのである。こうした把握は、残念ながら一般的にはあまり普及していないようである。

ロシア・ウクライナ戦争の事例に戻れば、どちらか一方が敗北を認めない限り、戦争の継続が不可避となることから、戦争の終結方法として降伏や敗北ではなく、先ずは停戦・休戦を実現することにより、交渉過程で戦後処理を図り人命保持と戦後復興の機会を確保することが先決であろう。その戦後処理のなかで、戦争犯罪を含めた戦争責任問題を問い続けることは、平和の持続性を担保できる方途と思われる。

ロシア・ウクライナ戦争の新たな展開

第三者的な言い方なので好まないが、二〇二二年二月二四日、ロシアがウクライナに侵攻した折には、この戦争は短期決戦で終息する、と考えた人も少なくないだろう。

二〇二一年の年末からウクライナ国境にロシア軍が集結を始めた時点から、その規模が一〇万の単位だったこともあり、ロシアはウクライナに恫喝をかけてドンバス二州（ドネツク州とルハンシク州）の併合を既成事実化しようとしていると捉えていた。確かに、この二つの州は特にロシア系住民が過半数近くを占めていることから、ウクライナ国内では微妙な位置にあった。加えて工業国家ウクライナの心臓部とも言える地帯であっただけに、ウクライナとしては何としても同国内に引き留めておきたい意向は歴然としていた。

親ロシア政権がマイダン革命[*3]で打倒されて以来、この二州の立ち位置が一層の矛盾となってウクライナとロシアの両国関係を険悪化させていたことは世界の人々は良く知っていた。言わばドンバス二州の住民は、両国に引き裂かれた人々であった。ウクライナ国民であってもウクライナ語に必ずしも堪能でない住民が圧倒的であり、また、堪能でないがゆえに、様々のハンディキャップを背負いこまされていた事実も明らかだった。

ならばロシアに帰属する道を選ぶのか、それともウクライナに留まって、そのハンディキャップから解放され、完全な「ウクライナ人」として生きるべきか。矛盾のなかに呻吟していた様子は、ゼレンスキー政権の誕生までに、相次ぐ政権交代と、その過程で生じた国内の混乱と矛盾と悲劇が、遺憾なく示していた。

親欧米政権と親露政権の鬩《せめ》ぎあいのなかで翻弄されてきたウクライナ国民は、今回の戦争で一気に深刻な不幸のなかに追い込まれてしまった。親欧米派の人々は自由と自治を重視し、親露派の人々は巨大国家ロシアの底力に未来を託そうとしていた。文字通り、ウクライナは西側と東側との〝分断国家〟的様相さえ呈していたのである。そこにアメリカやロシアが介入する素地があったと言って良い。

今回の戦争は、確かに侵略戦争を開始したロシア側に非があり、批判されるべき手法を敢えて使った戦争犯罪である。相次ぐウクライナ国民に犠牲を強い、生活インフラを破壊し尽くすロシアの振る舞いは断罪されてしかるべきである。ただ、そうした現実を直視するだけでは、この侵略戦争が何故引き起こされたか判然としない。もちろん、判然としたからと言って、ロシアの戦争犯罪が免罪される訳ではない。

問題は実は旧ソ連崩壊以後から始まっていたロシアとウクライナの関係性、さらにはロシアと欧米諸国とのウクライナをめぐる軋轢や縺《もつ》れが、結局は今回の戦争を呼び込んでしまったことに注意を向けるべきであろう。

それは、この戦争を停戦に誘導する道筋を固めていくためにも不可欠のことである。

戦争の様相

停戦問題に入る前に、先ずはこの戦争の様相を要約しておきたい。

二〇二二年末にロシア軍がウクライナとの国境付近に一〇万余の大軍を集結させていた頃から、世界でも日本でもウクライナへ侵攻の有無は、議論の分かれるところだった。

それが直前のプーチン大統領の演説により、侵攻が時間の問題となったと知った。その時、恐らく数多の人たちは、この侵攻を食い止めるために、どの国の誰が尽力したか、ほとんど見えていなかった。プーチン大統領のなすがままに、或る意味ではほって置かれたとも言える。もちろん、二〇一四年のミンスク合意により、一端は収まったに見えたロシアとウクライナの対立と紛争は、合意の徹底履行を求めるフランスのマクロン大統領たちの必至の説得にも拘わらず、ゼレンスキー大統領は反故にしてしまう。アメリカの差し金があったかも知れない、との予測は誰しも感じ取ってはいたが。

ロシアのウクライナ侵攻開始後は、そう感じ取っていた人たちの多くが、短期決戦となるに相違ないとの判断を抱いていたはずだ。圧倒的なロシアの軍事力と侵攻計画準備、ロシアの事実上の同盟国であるルカシェンコ大統領率いるベラルーシがウクライナ北部に位置する。ロシアの大軍がドンバス地域から侵攻し、ベラルーシに駐屯するロシア軍がウクライナに向けて南下作戦でも展開したら、ウクライナ軍は一気に崩壊し、軍事占領されてしまうと考えられた。

ところが、ロシアのウクライナ侵攻開始後、二年近く経過した今日、ウクライナは持ち応え、さらには「反転攻勢」なる反撃を開始し、最近ではロシアの占領地で重要な軍事基地を持つクリミアへの攻撃をも仕掛けている状況だ。もちろん、これにはアメリカを筆頭にイギリス、フランス、ドイツなどの軍事・経済支援があればこそである。侵略の憂き目に遭遇したウクライナは、軍事支援を受けて侵攻による破壊を阻み、さらなる助力を得てロシアに占領されたクリミアなどの奪還作戦を展開中である。

長い間、戦争史研究に関わってきた一研究者としては、終わった戦争の解明に取り組んできたが、終わっていない戦争の帰趨を予測するのは極めて難しい。第三者が軽々に戦争の帰趨を予測するのは避けなければならないが、停戦問題を考える上では最低限必要な予測と可能性を述べておくことを許されたい。

戦争の帰趨は、多様な条件の積み重ねのなかで結果されるものだが、現代戦争が総力戦として闘われる現実からすれば、先ずは戦争資源の質量が決定的な要因となる。例えば、武器生産技術能力、これを支える国家全体の工業能力、燃料や電気など戦争遂行に必要なエネルギーの備蓄、武器・燃料・兵員などを戦場に輸送する能力など、総力戦では軍需も民需も戦争に動員されることが必須となる。そうした総力戦遂行能力という言い方をすれば、どれをとってもロシアが圧倒的優位を占めている。

その圧倒的な戦力格差を補填して、余りある状態を欧米諸国の軍事経済支援が創り出し続けている。まさに当初、ロシアの目論んだ短期決戦の思惑が外れた原因である。

ロシアは怯んでいるか

一方のロシアはどうだろうか。ロシアは本来豊かな資源大国であり、工業労働力の潤沢さも手伝って、非常に耐性の強い軍事大国と言われてきた。確かに欧米からの経済制裁を受けてはいるが、怯《ひる》んだ様子はない。侵攻直後から経済制裁や軍需資源の過剰消費で国内総生産（GDP）は一気に鈍化すると見られていた。だが、二〇二三年には、国際通貨基金（IMF）の調査によれば、一・五％のプラスとなるとの予測結果を出している。一方のウクライナは、二〇二二年のウクライナのGDP成長率はマイナス三〇・四％という驚くべき数字となっている。

ロシアのミサイル攻撃で発電所やダムなどが破壊され続けている現状では、工業生産を全うに稼働させることは巨大な地下工場でも全国に保持していない限り困難であろう。戦時下にありながら、ウクライナ国民の生活を支えるサービス産業が稼働し、ウクライナ経済を懸命に支えていることなど、テレビ報道でも伝わってくる。だが、世界一の質と生産を誇るとされたディーゼルエンジンなどの工業輸出や、小麦に代表される農作物輸出がほとんど困難となっている現状から、ウクライナの貿易は死滅状態に追い込まれ、ドルの蓄積も底をつき始めている状態とされる。

ウクライナでは現在、国家予算の半分以上を軍事関連予算に注入している。民需は戦争下では二の次となる。月額単位で四〇億ドル以上の赤字を計上する同国の財政状況は、戦時状態だから何とか破綻を免れている状態である。欧米諸国からの軍事経済支援が枯渇・途絶すれば、破産国家に追いやられるのは必至の状態だ。因みに、二〇二四年度のロシアの国防予算は、二二兆七〇〇〇億円、ウクライナは七兆円が計上されている。

ウクライナがそうした状態に置かれながらも、戦争継続する理由は侵略を排除し、ロシアに奪われた領土の奪還にある。これは国家主権の取り戻し行為としては頗る当然な判断といえる。しかしその一方で、戦争を止めれば直ちに経済破綻の日が待っている。そこに戦争を止めたくもやめられないもう一つのウクライナの現実がある。ゼレンスキー大統領が戦時下にありながら、国連を始め欧米各国から最近では南米のアルゼンチンを歴訪し、軍事支援の最大化と継続を訴えるのも、欧米諸国の支援の途絶がウクライナ国家の自滅に直結していることを理解しているからである。

こうしたウクライナの実情を理解しつつ、欧米諸国が軍事経済支援を止めるどころか、国によっては加速化する動きが止まないのは、軍事経済支援の目的がロシアの侵略行為を止め、その侵略意図を放棄させるためであって、ロシア国家の解体にあるのではない。NATO諸国もそこまでロシアを追い詰めた場合、世界最大の核保有国であるロシアによる核兵器使用の機会を提供することになることを警戒する。そこの匙加減は簡単ではなく、特にアメリカはロシアのプーチン大統領を中心とする戦争指導部の軍事戦略を非常な神経を使って追跡しているのが現状である。

停戦協定締結までの困難な道

こうした状況にあるロシアとウクライナを、停戦協定締結のための交渉のテーブルに付かせることは極めて困難な状況下にある。ロシアの国内経済は大方の予測に反して、戦争によるダメージは深刻とまでは至っていない。一部西側の報道や分析には、ロシア経済は戦争のため逼迫状態にあり、ロシア国民の生活が困窮状態にある、と指摘するケースも少なくない。しかし、ロシア国民の生活は侵略戦争直後から現在まで大差はない。つまり、ロシア国民の日常生活のなかに「戦争」は及んでいない、とさえ言って良い。それがプーチン大統領への圧倒的支持に繋がっているのかも知れない。そこには確かに権威主義国家ロシアの治安当局による厳しい監視や統制が反映されていることも否定できない。

たとえ形式的であったとしてもロシアの議会は依然としてプーチン大統領の与党である統一ロシア党以外にもロシア連邦共産党や公正ロシアが連邦議会下院（国会院）で議席を保持している。一方のウクライナではゼレンスキー政権の与党である「国民の僕《しもべ》」が唯一の政党となっている。ロシアの侵攻を一早く批判したウクライナ共産党をはじめ、幾つかの政党は財産を没収され、事実上の解党に追い込まれた。また、民間放送テレビなども完全に潰され、自由な報道空間は全く担保されていない。

そうしたなかで、停戦合意のレベルの話となると、ロシアのプーチン大統領は、ドンバス二州やクリミアを手放すことは全く考えていない。ウクライナにしても、ロシア軍がウクライナ領土から完全に撤退し、さらにはクリミアなどロシアが占領している地域の奪還が果たせない限り停戦に応ずる気配は微塵もない。

一方、ウクライナを軍事経済支援している欧米諸国では、まず肝心のアメリカが軍事経済支援の在り方をめぐりアメリカ連邦議会内では不満と疑問の声が挙がり始めている状態だ。ウクライナの隣国で軍事支援に積極的だったポーランドも、小麦輸出をめぐるウクライナとの対立で支援の再検討を臭わせている。また、これまでウクライナへの軍事支援に積極的だったでチェコでは、二〇二三年一〇月八日と九日に実施された下院選挙（定数二〇〇議席）の結果、ウクライナ支援の見直しを選挙公約に掲げた諸政党が議席を大幅に伸ばすなど、ここにきてウクライナ支援に陰りが見え始めている状況だ。

アメリカの共和党内には、軍事支援への慎重論を説く勢力が顕在化しており、次期大統領選ではトランプ前大統領の再選を目指す動きも堅調である。仮にトランプ支持勢力が優位を保ち続けるならば、支援自体の修正が進むことも充分に予測される。フランスのマクロン大統領は、本来、ロシアとウクライナともに連携を図ってきた手前、停戦合意への関心は極めて強いはずだ。

こうした新たな状況が、二〇二三年から二〇二四年にかけて、ロシア・ウクライナ戦争に重大な影響を与えることになる。そうした一連の新情勢が停戦への動きに拍車をかけることを期待したいところだ。

ただ、ゼレンスキー大統領としては、ロシアの侵略を好機として欧米の軍事経済支援を引き出し、領土奪還を最終目的として設定し、それがために国内総動員体制を敷いてきた手前、奪還が仮に果たせないままでは停戦合意には踏み切れない。自身の政権維持のためにも、現状のままでは動かないこともはっきりしている。

欧米諸国の煮え切らない姿勢

ここにきてウクライナへの軍事経済支援の目的がどこにあったのかをめぐり、欧米諸国が揺らぎ始めていることも確かである。表向きの支援目的は、侵略者ロシアを先ずはウクライナから撤退させること、同時にロシアが二度とウクライナイを始め、NATO諸国を侵略することがないよう軍事力・経済力を削ぐことにある。そうした目的や方針が一致したから、戦車や航空機など戦争の帰趨を決しかねない通常兵器では最強の兵器とでも言い得る兵器を挙って提供するという大胆な方針で臨んでいると言えよう。支援される兵器も時を追うごとにエスカレートし、ウクライナの戦場に送っていないのは核兵器と地上兵力と言っても過言ではない強化ぶりだ。

この支援の実態は、別の角度からすれば、ウクライナが戦争を止めたくとも止められない状態を創り出すことにもなっている。確かに、現状では軍事支援の継続と拡大をゼレンスキー大統領自体が強く望んでいるのは確かであろう。一見してその要請に応えている形になっているが、そのゼレンスキー大統領にしても、こうした状況のなかでは停戦への対応も後手後手になるのは必至である。

支援諸国への軍事支援の継続を常に訴えるのは、侵略を受けた国家や国民がロシア軍を撤退させ、侵攻開始以降のロシア占領地を解放する目的のためであることは言うまでもない。同時にゼレンスキー大統領としては、この機会にクリミアなどロシア占領地の奪還をも抵抗戦の目的とするに及び、軍事支援のレベルはエスカレートするばかりだ。

一方でロシアのプーチン大統領も、ウクライナにもう一度親ロシア政権を樹立し、ロシアの覇権をウクライナで貫徹し、同国をNATOとの緩衝国家として事実上の支配下に置くことが、ロシアの安全保障の要諦だとする認識でいる。

こうした状況下では、ロシアとウクライナとの間には、侵略国と被侵略国との差異はあるが、当事国同士で主体的かつ自立的な停戦交渉を進めることが極めて困難であることは誰もが認めるところだ。そうすると、第三国の調停が不可欠となる。

それでは第三国の調停者として当事国から信頼され、調停を委ねられる国家はどこか、あるいは誰かという話となる。現実的にはNATO非加盟国で両国とも歴史的かつ経済的に深い関係性を保持している国家ということになる。そうなると中国しかない。ウクライナへの最大の支援国であるアメリカはNATOの中心国であり、この戦争の間接的な当事者の位置にあるからだ。

果たしてロシアがアメリカの調停に期待するかは疑問である。プーチン大統領側からすれば、NATO加盟国ではあっても、一定の信頼関係にあるとされるトルコのエルドアン大統領も候補者の一人かもしれない。同様な位置にいるフランスのマクロン大統領も両国の首脳とパイプを形成している。このように様ざま調停対象国が存在するものの、やはり一番相応しいのは中国であろう。

一番理想的な形はロシアとウクライナが共に中国に調停役を請うことである。そして、この中国を中心としつつ、アメリカ、フランス、トルコなど関係国をも巻き込み、将来的にはこれら諸国が合同停戦監視団を編成することであろう。そうした役割を中国が引き受け、停戦に至った場合、中国の国際社会での地位が飛躍的に高まることは必至である。そのことをアメリカは決して歓迎しないであろう。ここがまた停戦に至るまでの大きな課題だ。つまり、米中対立が停戦の実現を阻んでいるという側面は押さえておくべきであろう。

問題は停戦案だが、これは既に多くの停戦案が俎上に挙げられている。基本ラインは、ロシア軍の撤退、侵攻開始直前までの状況への回復、ウクライナのＮＡＴＯ入りの断念、ドンバス二州やクリミアなどロシア占領地は、停戦合意以後の期限付き交渉で解決する、などであろう。細部的な詰めの必要は当然ながらあったとしても、大枠ではこうした諸点が従来から指摘されている通りである。この停戦案は、先のミンスク合意とも共通している。

実は、停戦合意が成立したならば、次に検討すべき課題はＮＡＴＯという多国間軍事ブロックの段階的解体の道筋をつけることだ。その代わりに、ロシアやウクライナも入った新たな「ヨーロッパ合同安全保障体制」の構築である。また、「ヨーロッパ平和共同体」なる名称でも良いであろう。ＥＵと言う政治共同体を安全保障の分野にも拡大する発想である。

矛を収めようとしないロシア

激しい戦闘が繰り返されている現実、矛を収めようとしないロシア、領土奪還を呼号するウクライナという状況下では、こうした停戦案や未来構想は、理想のまた理想かも知れない。だが、この戦争で生命や財産を喪失した数多のウクライナ国民と兵士、そして戦争に駆り出されたロシア兵の生命の損失を拡大させないためにも、一日も早い停戦が求められていることは世界の共通した願いである。

二〇二三年一〇月七日、イスラエルとパレスチナのハマスとの激しい戦闘が再開された。戦争や戦闘で矛盾の克服や問題の解決は困難である。戦争はその矛盾や問題をいっそう深刻化させるだけだ。決して憎しみの連鎖を断ち切れはしない。この問題もロシア・ウクライナ戦争と共通する。

日本国内でも停戦問題をめぐって、日ごろ護憲を標榜する人たちのなかにも見解が二重三重に分立している。一方では護憲を説きながら、他方ではNATO諸国と同様にウクライナへの軍事支援を支持あるいは黙認する。侵略国ロシアの敗北あるいはウクライナ領内からの撤退が確認されるまで、戦争継続を容認する姿勢である。

確かに、軍事支援はウクライナにとって文字通り死活問題である。支援の途絶は、自動的にウクライナの敗北に結果する。議論は錯綜状態にあるが、NATO諸国の支援疲れが起きる前に停戦合意を果たし、軍事支援の中止を実現すべきだろう。そうした意味でもウイリアム・トッドの「アメリカはウクライナを支援し、ウクライナを破壊している」との指摘は、本質を衝いているように思われる。

となるとNATO諸国の「支援」は、裏を返せば「破壊」に拍車をかけているのではないか。停戦に漕ぎつけたうえでの経済と生活領域における「支援」こそ、ウクライナの「復興」を結果するはずである。停戦の実現はその意味で、破壊から復興への舵切りの機会でもあろう。

2．ロシアのウクライナ侵略をどう読むのか

NATOの東方拡大をどう見るか

一体、何故ロシアはウクライナ侵略に走ったのか。戦争開始から二年近くを経て、様々な見解が出ている。理由は一つだけでなく、複合的なものだが、少し理由を考えてみたい。最初に、ごく基本的なことを確認することから始めたい。そもそもこの戦争の深淵をどこに求めたらよいのか、という問題だ。もちろん、諸説あろうが、私はユーゴ内戦（一九九一～二〇〇一年）におけるNATO軍によるユーゴ空爆辺りにあるのではないか、と考えている。

ユーゴ内戦というのは、要するにユーゴスラビアを戦場にして、アメリカを筆頭とするNATO諸国と、ユーゴを内側から支援していたロシア、あるいは、その後ろから支援していた中国との猛烈な対立がユーゴスラビアを戦場にして噴出したものだ。

ユーゴ内戦で何があったのか。一九九七年七月二三日から三カ月間で凡そ一万回に及ぶ空爆をユーゴスラビアに展開したのは、NATO加盟諸国であった。そのなかで国際社会を震撼させたのは、ベオグラードの中国大使館がアメリカのステルス爆撃機B2スピリットから発射された五発の巡航ミサイル攻撃を受ける事件であった。これは非常にショッキングな事件で、一国の大使館が米軍の巡航ミサイルによって木っ端微塵にさせられ、三十数名の死傷者が出た。アメリカは中国大使館に誤爆だと主張する。誤爆の訳はなく、大使館も軍事目標だと設定してミサイルを撃ち込んだのは明白であった。

アメリカ内部情報では、大使館内に通信機器があり、その破壊を目的としたと言う説がある。つまり、大使館も広義には軍事施設であり、軍事目標主義に合致するという判断である。アメリカ政府は、これを正式に認めていないが、純軍事的には微妙なところにある。

しかし、大使館とは一国を代表する施設であり、大使館まで軍事施設だと認定されたら、その機能を全うできないであろう。それで私は揶揄的に、この大使館空爆事件を「正確なる誤爆である」と表現している。つまり、それが中国大使館であることを了解したうえで空爆を行ったといえる。非軍事目標を空爆することは国際人道法に抵触し、無差別爆撃と認定される。当然に国際犯罪となる。それを回避するために、敢えて嘘を言い放つ。勿論、軍事目標であれば空爆しても良いというものではないが、残念ながら、軍事目標主義が戦時国際法では合法化されている。

アメリカの爆撃機による大使館空爆に対し、当然ながら中国はアメリカに猛烈に抗議を行った。また、中国だけでなく、ロシアもアメリカの乱暴なやり方に警戒感を高めていた。警戒感というより、恐怖心と言ったほうが妥当かもしれない。

それでプーチン大統領は、先のアメリカによる中国大使館空爆事件なども念頭に、二〇〇七年二月一〇日、ドイツのミュンヘンで開催された「ミュンヘン国防政策国際会議」で、次のような発言をする。すなわち、「一国、それはアメリカのことだが、その一国の法体系が国境を越えて他の国に押し付けられている。都合が良ければ、いつでも爆撃し射撃してよいのか」とし、東方拡大政策と軍事的攻勢の中止を要請した経緯があった。

言わば段々とロシアに忍び寄るアメリカを盟主とするＮＡＴＯ加盟国が一三カ国ほどから、現在では三〇カ国近くになっている。ある意味では緩衝地帯としてあった国々がＮＡＴＯに加盟したため、ロシアにとって大変な脅威と受け止められていた。しかし、アメリカは何らの回答もしなかった。緩衝地帯としてあるのはウクライナ、ベラルーシ、モルドバというような、いわゆる親ロシア国家でしかなくなってしまった。そのほかにもアメリカは、例えばポーランドやハンガリーにもミサイルを配備している。もちろん、アメリカは迎撃用であって攻撃用ではないと説明する。

実はこのＮＡＴＯ諸国によるユーゴ空爆について、プーチン大統領は、ウクライナに侵略を開始した二〇二二年二月二四日の演説で次のように述べている。「国連安全保障理事会の承認なしに、ヨーロッパの中心で航空機とミサイルを使ってベオグラードに対する流血の軍事作戦が実施された。数週間にわたり、都市や生命維持に必要なインフラを継続的に爆撃した」と。この演説の意味をどう解したら良いのか。

確かにNATO諸国によるユーゴ空爆は、国連憲章の違反行為と非難されても仕方ない行為である。国連安保理の承認も無かったことも間違いない。しかし、演説で批判した内容と同じことをプーチン大統領はウクライナで行っているので、その整合性は図り様もない。

そもそも旧ソ連が解体した折、アメリカはNATOの解散を口にしていたはずだった。ロシア政府は、ワルシャワ条約機構（WATO）[*4]を解散しており、NATO解散は当然のことと判断していた。国際社会の多くも、そう捉えていたはずだ。繰り返すが、NATOは解散することなく、むしろロシアに向けて拡大・浸透していったのである。

侵略国家ロシアと「顧客国家」ウクライナ

ここで少し別の角度から戦争に至る背景や、一体だれがこの戦争を仕掛けたのかを観ておく。もちろん、侵略国はロシアでありプーチン大統領が侵略という犯罪をおこなったことは言うまでもない。被侵略国がウクライナであることも論を待たない。だから、西側メディア、とりわけ大手メディアはロシア叩き一辺倒だ。

一方でウクライナの政情については、西側メディアはあまり詳しく報道していない。それが間違っているとか、正しいという意味ではなく、本来伝えるべきものを十分に伝えていないのではないか、ということである。

アメリカは様々な方法を使って他国をコントロールする術に長《た》けている。ウクライナに対しても例外ではない。そうした国家のことを国際政治学では「顧客国家」（a client state）と呼ぶ。かつて日本は「満州国」（満州帝国）を創り上げ、同国は日本の「傀儡国家」（a puppet state）と言われたが、ウクライナはそれにかなり近い国家の内実を持っていると捉えて良い。ロシアがウクライナ侵攻を開始してから、二〇二四年二月で二年近くを経ることになる。だが、停戦への動きは、少なくとも表向きには全く見えてこない。侵攻開始直後にはトルコの仲介など含め、停戦への動きがあったものの、その後は戦争の継続拡大の一途である。

その理由は大きく二つ。一つはウクライナへの軍事支援によりウクライナ軍の戦力が飛躍的に増強されたこと、ウクライナ国民の反ロシア感情ゆえに国民の団結が表向きには確実になってきたことである。同時にゼレンスキー政権の国内動員体制が功を奏していることだ。

もう一つは、ロシアの侵攻作戦計画の杜撰さと物量に頼る作戦展開が戦力展開に柔軟性を欠落させ、ウクライナの多様な戦法に予想外に翻弄されている現実が露呈してしまったことだ。もちろん、国際社会のロシア批判や対ロシア経済制裁の効果も無視できないであろう。

ただ、ロシアへの経済制裁が現実にどの程度まで有効なのかについては、実に多様な分析が錯綜している。本来ロシアの国力は耐性が強いので、ロシアに現時点で敗北の兆しは見出せない。ウクライナが軍事支援で戦争継続が担保され、ロシアが国力の耐性の強さで、同じく戦争継続が可能となれば、この戦争は頗る長期戦の可能性が予測される。

それゆえ、停戦の条件として、欧米諸国によるウクライナへの軍事経済支援が段階的に軽減されるか停止されることによって、戦争継続能力を削がれることが停戦環境の出現に繋がる。ロシアは、経済制裁によるダメージを中国との貿易取引による利益確保でカバーし、あるいは朝鮮からの砲弾輸入により軍事力の維持補強が可能であることも手伝って、本来の継戦能力が担保されよう。しかし、そうした関係性が希薄となれば、ロシアも戦争継続に消極的とならざるを得ない。

しかし、これらの仮定は現時点では立ちにくい。つまり、支援国および戦争当事国ともに停戦への踏み出しが時間経過とともに、一層困難となっていることは確かである。こうする間にも、ウクライナとロシア両国軍の兵士の犠牲の増大、冬場を迎えて、とりわけウクライナ国民はインフラ破壊の進行とともに厳しい生活環境に追い込まれよう。

こうした全体状況のなかで、停戦の要件は、ウクライナへの軍事経済支援の見直しと、停戦以後の復興を目的とする復興支援プログラムの提示が不可欠なる。ロシアに対しては、「二〇二二年二月二四日」以前の状態に回帰する方向性なかでロシア軍の撤退の条件として、種々議論されているようにウクライナがNATO加盟を見送ることと、ロシアは占領地については停戦合意における後日交渉に委ねることで妥協を求めるしかない。もう一度「ミンスク合意」の合意事項に立ち戻ることだ。

こうした停戦の包括的な内容については、侵攻直後から再三提示されたきたものだ。今後、ウクライナが一段と軍事力を増強し、ロシア軍を圧倒して、敗北状態に追い込む中でロシアが停戦を受け入れざる得ない状況に陥るか、また、ウクライナが軍事支援の軽減あるいは打ち切りで戦争継続を断念し、停戦を飲まざる得なくなるか、と言う予測は何れも立ち難い。

つまり、当事者が停戦案を提示できない状況下に置かれていることは間違いない。そうすると停戦に道筋をつけるのは、アメリカと中国、そしてフランス、トルコなど一定の国家政府となると大方が予測するところだろう。現在も大国間の水面下で停戦ルートの設定と停戦案の検討が進められていると期待したい。同時に国際世論における停戦合意への後押しが、決定的に重要となる。

そこでの問題の一つに日本政府の関与である。日本政府はアメリカに追従して主体的な取り組みの可能性が希薄である。軍事支援こそ手控えているものの、岸田文雄首相のキーウへの電撃訪問などウクライナ支援に注力している状態だ。しかし、軍事支援に踏み切っていない現段階では、本来ならば調停役を担う資格もありそうだが、自主的主体的な動きを採る気配は皆無である。

ならば、隣国中国に対して仲介役を果たすように要請することで間接的にでも仲介の役割は果たせるのではないかと考えられる。だが、それもアメリカとの関係性、アメリカの対中包囲戦略の一翼を担うという現在の日本の立場ゆえに、そもそも日本政府の要請があったとしても中国から前向きな回答を引き出すのは、これまた困難の極みである。このような時にこそ、日本政府が非同盟中立の安全保障政策を採っているならば、そのような役割をも果たせたのではないか、と思えてならない。

仲介役を担えないアメリカの事情

アメリカの現在の立場をいかように評価したとしても、繰り返しになるが停戦の仲介役を担う役割はアメリカと中国しかないと思われる。このうち最有力国であるアメリカには、停戦に一役買う意思も構想も不在と言わざるを得ない理由がある。

一つは、この戦争とアメリカとの関係性である。トッドに「アメリカはウクライナを支援し、ウクライナを破壊している」と言わしめるような、アメリカの二律背反の姿勢と、アメリカの常套手段である曖昧戦略である。

先に述べたように侵略の動機が何処にあったとしても、この戦争こそロシアによる一方的な侵略であることは誰もが認めるところだ。その侵略の背景を歴史的に見据え直すことは当然だとしても、ここでは停戦の方法と主体が何処にあるのか焦点を絞った場合、当事者以外ではアメリカが一番手であることも間違いない。その理由を三つだけ挙げておきたい。

一つは、アメリカのウクライナ支援を主導している国内ネオ・コンサーバイストの存在である。とりわけ、バイデン政権で国務次官の地位にあるビクトリア・ヌーランド[*5]に代表される。彼女は名うての対ロシア強硬派として知られ、現在の地位に就く以前からウクライナイへのテコ入れ、マイダン革命による親ロシア政権の打倒と親米派のゼレンスキー政権の成立に動いた。

このマイダン革命の背後には、アメリカの著名な投資家であるジョージ・ソロス[*6]とヌーランドが深く関わっていたことは、良く知られている事実となっている。そうしたウクライナにテコ入れするアメリカの所業について、二〇一九年に公開されたオリバー・ストーンのドキュメンタリー映画『乗っ取られたウクライナ』（原題は、Revealing Ukraine）に余すところなく描かれている。バイデン大統領も子息のハンター・バイデンをウクライナの大手ガス会社プリスマの幹部に送り込み、人脈形成に一役買ったことで知られる。

ドンバス戦争を含め、この間のアメリカのウクライナ支援という名の〝ウクライナ統制〟の帰結の一つが、ロシアのウクライナ侵攻を呼び込んだ大きな理由の一つとして見積もられている。

そこまでしてウクライナに介入することによって対ロシア強行政策を主導してきたがゆえに、二〇一四年のミンスク合意も結局はウクライナのゼレンスキー政権によって反故にされる。その背後にアメリカの指示があったことは想像に難くない。NATOの東方拡大路線に拍車をかけたのも、アメリカのバイデン政権であったのである。

二つには、アメリカの軍産複合体の存在である。ウクライナへの膨大な軍事支援によってアメリカの軍需企業は想定外の利益を上げている。もちろん、軍事支援を行っているフランス、ドイツ、イギリスなどの軍需企業も同様に莫大な利益を上げ、セングハースの言う「軍拡の利益構造」を捩《もじ》って言えば、「軍事支援の利益構造」が定着するに至っている。ウクライナへの軍事支援は、軍需企業の利益に限っていえば、戦争の長期化、換言すれば軍事支援の継続は利益構造の恒久化を意味する。

そして、例えばトマホークなどミサイルメーカーであるレイシオン社の元最高幹部の一人であった人物が現在、アメリカの国防長官ロイド・オースチンであるように、バイデン政権と軍需企業との癒着は今に始まったことではないが、益々強固となっている。その意味で表向きには平和実現のための軍事支援と言いながら、戦争の継続化が最も好ましいと考えているはずだ。これではアメリカが停戦交渉に主導力を発揮するにも限界があろう。

三つには、アメリカの政治軍事戦略の観点からして、停戦実施という選択が好ましい問題なのか、ということだ。すなわち、アメリカは今やアメリカを凌駕する経済力を身に付けた中国が最大のライバルであることは間違いなく、今後ますます米中競合状態が深化していくであろう。

そのような状態のなかで、アメリカは対中国包囲戦略を採用し、中国との競合のなかで、一方では妥協と協調を謳い、他方では恫喝と対決を強めている。その過程で、アメリカは中国とロシアとの関係強化には非常に敏感となっており、そのロシアの国力を可能な限り削ぐことで、本命の米中競合時代に向かおうとする。

従来からアメリカと異なり、同盟国を持たない中国は、ロシアを筆頭に、いわゆるグローバルサウスと称される諸国との関係を強化している。そうしたなかで、来るべき米中対立において、アメリカが対中優位を確保するためには、その前段階として中露関係に楔を打ち込み、対中優位を確保するためには、中国との関係が深いロシアの国力を削ぐことが重要な課題となっていた。かつての日本はイギリスに唆《そそのか》されて日露戦争に踏み切ったが、ウクライナの立ち位置は日本のそれと恐ろしく類似している。その意味でアメリカの過剰なまでのウクライナ軍事支援は、米中対立に主導権を保持するうえで重要な戦略的判断となる。

その一環として、アメリカのウクライナ軍事支援が存在する。アメリカもＮＡＴＯ諸国からの軍事支援によっても、ウクライナが単独でロシアを敗北に追い込めるとは考えていない。要するにロシアの軍事力を含め、国力を可能な限り削ぐことを求めての軍事支援と言える。

しかし、現在アメリカの政権内部でも、あるいは共和党だけでなく、民主党の内部にもウクライナへの止めどない軍事支援の効果に疑問を抱く議員が増えているのが実情である。また、国際社会にも軍事支援に前のめりなっている現実への批判が噴出し始めている。

直ちに軍事支援を止めるのではなく、停戦に向けた戦略的判断を含めた軍事支援を求める声が強くなっているのである。もちろん、平和を求めた軍事支援というのは、実際にはあり得ないことだが、停戦プログラムの一環として量的質的にも時間的にも明確な数値を示したうえで、支援体制の組み換えが必要な時に来ていることは確かであろう。

3．アメリカはウクライナで何をしているのか

アメリカはウクライナで何をしてきたか

アメリカがウクライナに何をしてきたか、またウクライナ国内で何があったのかということも、同時に知っておかないと、ただ侵略を批判するだけでは先に進めない。そうでないと、この侵略戦争あるいは両国間の戦争から、私たちが何を学び取るのかという問題意識は生まれないのではないか。

例えば、日本の大手メディアは全くと言って良いほど報道していないが、ロシアがウクライナ侵略を開始する前年二〇二一年三月二四日に、ゼレンスキー大統領がクリミア奪還を命令し、同

時にNATOが黒海で大規模な合同軍事演習「シープリース二〇二一」[*7]を始めていた。

この時、ウクライナ軍が東部の親ロシア勢力の燃料施設を爆破し、ロシアとの休戦協定であった「ミンスク合意」を一方的に破棄する。この合意順守について協定に参画したフランスのマクロン大統領はゼレンスキー大統領に順守するよう説得したが、拒絶された。恐らくこうしたウクライナの出方や欧米諸国の動きを観て、ロシアのプーチン大統領はウクライナ侵攻を決意したのであろう。

もちろん、プーチン大統領に数多の理由があろうとも、主権国家を侵略し、軍事力で領土を侵し、国民の生命・財産を奪うことは国際法上でも、人道上からも到底許すことは出来ない。その明白な現状確認を踏まえたうえで、停戦に繋げる意味でも戦争の原因や背景、その主体の所在を探ることは不可欠である。本節では、そのことに拘りつつ論を進めたい。

戦争の実相は何処にあるのか

戦争が始まってから二年半が過ぎ、全く予想外にも三度目の冬を迎えている。現在ではウクライナについても、漸く現在では多くの情報が伝えられるようになった。とりわけ、プーチン大統領が主張するゼレンスキー政権は〝ナチス政権〟だと言う主張に信憑性はあるのだろうか。アゾフ連隊という、今ではウクライナ軍の一翼を担う軍事組織であり、「ナショナル・コー」[*8]という政治組織がネオ・ナチ勢力であることは間違いないようである。

また、ロシアのウクライナ侵略が開始される二〇二一年三月に、ウクライナの超国家主義者として著名であったドミトロ・ヤロッシュがウクライナ軍参謀長の顧問に任命されていたことが判明したときは、欧米を含め各国に大きな衝撃を与えた。さらに確実な情報によれば、ゼレンスキー大統領は、ドンバス地方での戦争犯罪ゆえに告発されている極右組織であるアイダール大隊*9の元指揮官であるマクシム・マルチェンコをオデッサの地方行政官に取り立てた。二〇二二年三月一日のことである。

このようにゼレンスキー政権内部にも周辺にもアイダール大隊やアゾフ大隊など、軍事組織の内実を有する組織にネオ・ナチ勢力が根を張っており、ロシアとの徹底抗戦に拍車をかけている。恐らくゼレンスキー大統領としても、ロシアとの間に何らかの停戦交渉の方針をたとえ抱いていたとしても、これらの勢力が阻止してしまうと思われる。

ユダヤ人であるゼレンスキー大統領が、ネオ・ナチ勢力を重用するのは一見合点がいかない。ここにアメリカの存在があるように考えられる。アメリカの思惑は、とにかくロシアの国力を可能な限り削減しておきたい。ロシアを解体に追い込むのは無理だとしても、戦争を継続させてロシアに消耗を強いているのである。その一方でアメリカのウクライナへの膨大な軍事支援でアメリカの軍需産業界は、まさに〝ウクライナ特需〟を謳歌している。

相対的に経済力が劣化の一途を辿るアメリカとしては、まさに「軍拡の利益構造」（セングハース）をがっちりとグリップしておく。それが戦争継続の大きな理由である。アメリカは当然ながら、ゼレンスキー大統領周辺にネオ・ナチグループが取り巻いていることを知っていても、それでもアメリカの莫大な利益のために、ウクライナ国民やウクライナ兵士を犠牲にしてでも自らの利益拡大に奔走している、と言っても過言ではない。

このようにウクライナの政治問題だけを取り上げると、結果的にロシアの戦争犯罪を軽減することになるのではないか、との異論・批判を受ける。勿論、私はそのような考えも意図も全くない。同罪論的発想も採らない。ただ、ロシアが侵略した理由を正確に学ぶことによって、二度とこのような侵略戦争が起きてはならないとの一点から、ウクライナが抱える現実の一部を紹介したに過ぎない。

ここに極めて深刻な問題がある。欧米諸国もロシアも、空爆や侵略戦争に踏み切る場合、国連の存在も国連憲章の規定も全く無視をして、様々な理由をつけて自国の目的を達しようとすることだ。大国同士ではやれないが、寧ろ決して暗黙の了解があろうはずはないが、中小国に戦争を仕掛け、自らの陣営に引き込み、領土や勢力を拡充する、いわゆる覇権主義を実行しようとする。その意味では、現在の国際秩序はアナーキーな状態、無秩序の状態と言えるかも知れない。

侵略したロシアへの批判は当然にしても、そうした国際社会の現実をどう認識するかが問われもする。一国の民主主義や平和主義が成立しても、世界の民主主義や平和主義が風前の灯と形容しても良い状態である。

軍事ブロックが平和を阻害している

少し、纏め的なことに話を進めてしまったが、もう一つの問題がある。事例を挙げて述べてみたいと思う。

NATOという軍事ブロックの存在だ。NATOは、旧ソ連を中心とした軍事ブロック、ワルシャワ条約機構（WATO）という軍事ブロックに対抗して、アメリカを盟主としてヨーロッパ諸国が多国間軍事ブロックとして創ったものだ。だからソ連が崩壊し、WATOが解体をしたのだから、NATOも解体してしかるべきだった。アメリカのブッシュ大統領（当時）は解体することを旧ソ連最後の大統領であったゴルバチョフ大統領に約束をしている。ゴルバチョフも後継者であるエリツィン大統領に、NATOはいずれ解体するとの確約をアメリカから引き出したと伝えていた。しかし、NATOが解体されない事実が明らかになるとエリツィン大統領は、当然ながらアメリカに不信感を抱き始める。エリツィン大統領を継いだプーチン大統領もNATOの東方拡大には警戒感を露わにする。同時に東方拡大が対ロシアへの圧力・恫喝だとする認識を強めていくことになる。それへの対抗策としてウクライナへの侵攻という手段を採った。これがロシア・ウクライナ戦争の原因の一つである。長年にわたる両国間の課題と、ＮＡＴＯ諸国とロシアとの対立とが複合的に絡み合う背景があった。これを納得するかの是非の問題というより、侵略戦争の原因としては、大方が共通理解するところであろう。

侵略原因は、勿論それだけではないはずだ。もっと大きな問題がある。マクロ的な視点から見れば、覇権主義の問題がある。つまり、大国がそれよりも小さな国に対して領土を侵しても構わない、主権を侵しても構わない、という大国の覇権主義が、戦後国際政治を動かしてきた経緯がある。

それがアメリカのベトナム戦争、アフガン戦争、イラク戦争、旧ソ連のアフガン侵攻、中国のベトナムに対する侵攻作戦、いわゆる中越紛争だ。イギリスのフォークランド紛争と呼ばれるアルゼンチンへの侵攻、フランスのアルジェリア独立戦争やベトナム戦争なども含めて良いだろう。

今回のロシアによるウクライナ侵略戦争も、第二次世界大戦後、国連の常任理事国の全てが強行した覇権を求めるために引き起こした戦争と一括できる。勿論、個々の戦争の歴史的背景も含め、戦争が生起した理由はそれぞれ異なるとは言え、構図としては大国の覇権主義を軍事力によって貫徹しようとした点では共通している。

そうした大国の覇権主義を再び行使するロシアの罪は極めて大きいし、そのロシアにはロシア軍の即時撤退、プーチン大統領には停戦交渉を受け入れるようにと、国際社会が挙《こぞ》って要求すべきだ。そして、ロシアの戦争犯罪とウクライナの反ロシア系組織の人権侵害も別個に糾弾し、反省を求めなければならない。

ところが現在でもロシアとウクライナに停戦交渉を求める国際世論は、必ずしも大きくない。国際世論は、侵略国ロシアと侵略者プーチン大統領を糾弾することだけに偏在しているようだ。また、当事者であるウクライナのゼレンスキー大統領も、政権内部では戦争を好機として側近グループが反対勢力の一掃に注力している。同政権は徹底した情報統制を強めており、諸野党を非合法化し、文字通り与党「国民の僕」だけの一党独裁体制を敷くことに成功した。戦争体制を固めることで政敵を完全に排除してしまった。そのために国内から停戦や和平を求める動きは封殺されている状態といえる。

ロシアの継戦能力とプーチン大統領の現在

もちろん、侵略国ロシアも似た所が沢山ある。ロシアではプーチン大統領の与党である統一ロシアがロシア連邦議会の連邦院（上院）でも国家院（下院）でも、確かに圧倒的な議席を占めてはいるが、ロシア連邦共産党、ロシア自由党、公正ロシアなどの野党は非合法化されていない。情報統制が敷かれ、治安組織の厳しい監視下にあることも事実。その内実の吟味は大事だが、たとえ形式上とは言え、ロシアの大多数が消極的であれ積極的であれ、プーチン大統領を支持していることも確かなようである。

そのロシアへの経済制裁の効力は上っていないようで、少なくともモスクワなど大都市周辺での国民生活に大きな影響は出ていないことが伝えられている。要するに、全体主義化するウクライナとロシアの戦争を止めさせるには、やはり国際世論の外圧と、さらには鍵を握るアメリカと中国の介入が必要である。同国に停戦を求めるうえで最大の影響力を持つアメリカは、戦争の継続によるロシアの弱体化は好ましいと考えている。そして、何よりも停戦を求める国際世論が重要である。

アメリカにしてみれば、ロシアと中国という二つの大国を同時的に相手にするのは不利と考えており、それゆえに先ずロシアの弱体化をウクライナ支援によって押し進め、対中国包囲・圧力を強化したい、というのが本音だ。同時にロッキード・マーチン、レイシオンなど国内軍需企業を潤す得難い機会だとも捉えている。

いま世界では軍事ブロックが相次ぎ成立し、戦争に訴えて自らの利益拡大を志向する国々や、その戦争を容認するファシズムが世界を席巻している。イタリアでは右翼政権が誕生し、フランスでも国民連合というアクシオン・フランセーズ（王党派）の流れを汲む右翼政党が第二政党に躍進している。社民を中心とする連合政権のドイツでも小さいとは言えクーデター未遂事件が発生している。その他オランダやオーストリアでも右翼政党が勢いを増すばかりだ。長年、ドイツのナチズムや日本のファシズム研究を進めてきた私にとっても、こうした世界の動きには背筋が凍る思いでいる。

台湾有事はあり得るのか

ロシア・ウクライナ戦争の関連からだが、少し視点を変えて日本の安全保障政策の変更を迫っているとされる中国の台湾武力侵攻の可能性について触れておきたい。岸田首相が頻繁に持ち出す台湾有事論や、麻生副総裁が言う「戦う覚悟」なる物騒な物言いのなかに、日本政府は本気で台湾有事が起きるとでも予測しているのだろうか。「現在のウクライナは、将来の日本だ」的な語りで日本の防衛力強化・向上を理由付けようとする日本政府の姿勢は、言うならば一種のプロパガンダ（政治宣伝）に過ぎない。

中国の台湾武力統一は、別の見方をすれば侵略行為となり、たとえ中国が内政問題と主張したとしても一端戦争となれば、直ちに国際問題となることは間違いない。中国としても建前は内政問題であり、他国からの批判は内政干渉という議論で批判を回避しようとしているが、この論理は国際社会では通用しない。ある意味で中国は、本音ではそのことを理解しているはずであり、むやみに国際社会を敵に回す愚策は採らないはずだ。

日本もアメリカも「中国は一つ」との認識に立って対中国外交を展開しており、平和的な方法による統一の是非の問題は中台問題、いわゆる両岸問題であり内政問題とみなすべきである。繰り返すが、万が一でも武力を使うとなれば、ロシアのウクライナ侵略が単に二国間問題ではないように国際問題となる。そこから国際世論や日本の立場からは、絶対に戦争を起こさせないための働きかけが常時不可欠といえる。

ただ、中国が武力発動の選択を採らないであろう理由は、実は他にも沢山ある。現在、インドに人口数こそ追い抜かれてしまったが、それでも一四億以上の超人口大国であることに変わりはない。そして、現在はアメリカを凌ぐ世界一の経済超大国に成長している。年間GNPが大体二七〇〇兆円、アメリカが二二〇〇兆円である。つまり、インドに次いで世界第四位の日本のGNP五四〇兆円ほどの差が出来ている。

その一方で中国では現在急速に少子高齢化が進行しており、中国経済を牽引してきた潤沢な労働力が不足に陥る可能性が見えてきている。いくらIT産業に注力し、知識集約型の産業構造に大きく舵を切ったとしても、暫くは世界の工場としてモノづくりが中心と成らざるを得ない。

重厚長大な産業構造が当分維持されるとすれば、そのエネルギー資源はロシアを含めて外国への依存度が予想以上に高く、中国は戦争発動によって現在のロシアのように経済的にもダメージを受けることは回避するはずだ。それもあって中国は、「一帯一路」と呼ばれるように経済力で覇権主義を貫徹しようとしている。中国はアメリカの対中包囲戦略への対抗と海洋ルート確保のため、二〇二三年度およそ三二兆円規模の国防費を計上しているが、それが直ちに台湾侵攻の準備とも日本攻撃の準備とも到底思えない。

一九世紀後半から二〇世紀に至るまで、長きにわたりフランス、イギリス、そして日本から半植民地化や侵略戦争に塗炭の苦しみを味わわされてきた中国は、外国勢力の侵略や略奪を強大な軍事力によって阻止したいとする非常に強固な意思を抱いている。中国の軍拡は、そうした中国の歴史に起因する過剰なまでの軍事力強化策である。中国沿岸から可能な限り、軍事的ライバルを遠ざけておくこと、そのために海洋防御に特化した軍事戦略を採用している。中国にとって海洋は、石油や小麦などエネルギー資源や食料資源を搬入する生命線となっている。なので強引なまでの海洋進出が行われ、日本を含めた近隣諸国との軋轢を常態化させている。それゆえこれらの海域周辺諸国との共同安全保障体制の構築が必要なのである。

中国はアメリカと何よりも自衛隊の軍備強化に不信と警戒の感情を抱き、同時に冷静かつ客観的に日米軍事力の質量と方向性の解析に余念がない。二〇二三年三月二三日、大阪講演に出向いた折、アメリカの強襲揚陸艦「アメリカ」（四万六〇〇〇トン）が大阪市住之江区の大阪港に錨を下ろしていた。近く予定されていた「アイアン・フィスト」と名付けられた日米合同離島防衛作戦演習に参加するためだ。

「アメリカ」は佐世保港を母港とする艦艇で、演習は中国との戦争を想定したもの。中国は警戒心を高めざるを得ないだろう。米韓合同軍事演習は朝鮮（＝北朝鮮）を緊張させ、朝鮮の軍隊は軍事動員を図って演習に対応することを余儀なくされている。当然、朝鮮の国力は演習によっても消耗する。演習は準戦争と評してよい。その意味でアメリカ、日本、韓国が軍事演習によって相手国を恫喝する結果となり、朝鮮は対応に時間と労力を強いられることになる。それと同様に中国が台湾武力侵攻説を説く背景には、台湾の国力消耗と世論の厭戦機運を高める意図も見え隠れする。

それとの絡みで言えば、日本自衛隊も今回の演習を含め、実に多くの演習を繰り返している。戦争に備え練度を高めるという技術上の課題もあるが、すでに準戦争が始まっている、という見方もできる。強襲揚陸艦「アメリカ」は、横須賀に展開する第七艦隊の機動戦力と合体をして攻め込むための艦艇だ。

日本自衛隊は現在、一三五メートルの飛行甲板を持った軽空母「かが」と「いずも」の二隻を保有している。アメリカの空母群と、自衛隊の空母群が一対となって作戦展開をするということが可能になってきた。そうした兵器群を自衛隊は持っている。さらに二〇二四年以降には九隻目のイージス艦建造計画がある。そういうもののために総額でおよそ四三兆円、ローンを含めておよそ六〇兆円に達する巨大な「防衛費」を計上する。

ロシアを徹底的に糾弾することは言うまでもないが、それと同様に、今までどうしてアメリカのイラク戦争を日本は糾弾しなかったのか。パナマの、あるいはグレナダの侵攻をなぜ批判しなかったのか。批判できなかったのか。アメリカに対しては、何も言えないからだ。だから、イラク戦争の折にも、自衛隊派遣を飲まざるを得なかったのである。

中国は本当に脅威なのか

今一度、「日本の安全保障環境は変わった」とする日本政府が頻繁に口にする物言いについて触れておきたい。いま、〝第二次日中戦争〟論などという物騒な表現を時折目にすることがある。多くの日本の世論には、中国の軍拡を脅威とみなす感情が渦巻いている。中国の軍拡による戦争能力の向上を、直ちに戦争発動の可能性が高まったと受け止める。

すでに中国が採用する軍事戦略の方向性について触れたが、別の観点から中国の軍拡の意味を考えてみたい。

戦争は、「意図」×「能力」によって引き起こされる。また、いわゆる脅威の算定にもこの計算式が応用できる。それでたとえ一〇の能力があっても意図がなければ「一〇×〇＝〇」なのだ。つまり、中国がどれほど強大な軍事力を蓄えたとしても、他国を攻撃する意図が〇（ゼロ）であれば、いくら能力（＝軍事力）が高くなったとしても戦争発動の可能性は限りなくゼロであり、また脅威ではない。中国は現在、インドに抜かれたとは言え、世界第二位の超人口大国だ。

GNPは二七〇〇兆円であり、アメリカの二二〇〇兆円を遥かに凌《しの》いでいる。アメリカが軍事力によって世界をリードしようとするのに対して、中国は経済力によって世界のリーディングセクター、つまり世界の主導国家になろうとしていると見ても良いのではないか。

中国はロシアと決定的に違うところがある。それは耐性の問題だ。耐性というのは耐える力、耐久力の耐である。この戦争がいつまで続くかというときに、多くの識者を含め、ロシアは欧米諸国の経済制裁で一年も持たない、と言われていたが、先ほども少し触れたがロシアの経済も市民生活も予想した程のダメージを受けていない。むしろ、経済制裁を実行した西側諸国がエネルギー供給問題などで苦境に立たされている有様だ。

ロシアの経済成長率は落ちてないどころか、経済制裁を受けているため輸入量が減ったことから、貿易は黒字、国内生産は上昇している。今、成長率はおそらく最終的には二〜三パーセント増になるとも予測されている。日本、アメリカを含めて、場合によってはマイナス成長となる予測もある。そうしたなかで、決してロシアも口にするほど余裕があるとは予想できないが、長期戦となり消耗戦となれば、ロシアに有利だとする判断が出始めている。

むしろ、侵略されたウクライナは、工業も農業も厳しい事態に追い込まれている。アメリカなど各国の軍事・経済支援が途絶えたらウクライナは壊滅する可能性も無いとは言えない状態だ。それゆえウクライナのゼレンスキー政権は、支援を受け続けなければ政権維持も危うい状態になっている。

戦闘自体は、支援の成果により、大きな戦果を挙げていると報道されている。しかし、途中で梯子を外されたら明日はない。それなのに停戦か休戦協定によって戦争を止め、復興支援を仰ぐという選択が不在なのは大変な問題に思われる。恐らく、停戦協定が成立すればゼレンスキー政権自体が交代を余儀なくされるとも予測される。同政権維持のために戦争を継続するならば、犠牲を強いられるウクライナ兵士たちやウクライナ国民は実に残酷な状態に置かれることになる。

一方のロシアは、数多の兵士を死に追いやっているが、国家としての戦争効果を確実なものにしている。正確に言えば、プーチン政権にとってであるが、ある一定程度の成果をあげている。ロシア国民の圧倒的支持、ロシア軍需産業の活況である。もちろん、プーチン支持の背景には、強権による締め上げや、一方的なプロパガンダの結果もあると思われる。だが公平に見てプーチン大統領の支持率は高く、一党独裁的というより、〝一人独裁〟とでも言い得るような政治状況が生まれている。その意味で、この侵略戦争をプーチン大統領は「特別軍事作戦」と呼んでいるが、プーチンその人だからこそ可能であった戦争でもあった。まさにロシアの戦争というより、「プーチンの戦争」と言われる所以《ゆえん》だ。

そうした全体状況と個別事例を合わせて捉え直す時、この戦争は戦争当事国では停戦する余裕も能力も欠如していると判断せざるを得ない。従って、停戦を求める強力な国際世論と、中国とアメリカを筆頭とする有力国が一つになって停戦案を提示し、先ずは矛を収める算段を図る時だ。失われた土地やインフラは取り戻しや復興の可能性はあるが、失われた生命は二度と取り戻すことは出来ない。その冷厳な事実を正面に見据え、一国の都合や利益を超える思想や価値、さらには言えば国益を超えた普遍的な視点からする停戦案の紡ぎ出しに全力を挙げるときであろう。

4. 和平派と正義派との乖離を超えて――なぜ、停戦論が深化しないのか――

対立する停戦論

数多の犠牲者が出ているなかで、ロシア・ウクライナ戦争の評価が分かれている。即時停戦を求め、行動を一つにするのが当然ながら、その停戦をめぐり和平派と正義派とに分かれて論争が続いている。そこには埋め難い乖離がありそうだ。その乖離を埋めることで、この戦争を勝利か敗北かではなく、停戦と交渉へと転換させていく議論の在り様と行動を何処に置けば良いのか。

ここで少し振り返っておきたいことは、ロシアのウクライナ侵攻が開始された二〇二二年二月二四日から五日目の二月二八日、ウクライナに近接するベラルーシ南東に位置するホメリ（ベラルーシ語でゴメリ）で、ロシアとウクライナの双方の代表団が出席して停戦交渉が行われたことだ。

その詳細な会談内容は公表されていない。そこで何が協議されたのか。早期のキーウ陥落に事実上失敗したロシア側からウクライナ側の譲歩を求める形で矛を収めようとしたのか、それともウクライナ東部に展開するロシア地上軍のさらなる侵攻を理由として恫喝をかけたのか。想像するしかないが、事実として停戦交渉への動きが両国に存在した事実は重要である。

その交渉が複数回実現している一方で、キーウ州の人口四万人に満たない小都市ブチャで起きたロシア軍によるとされる市民の大量虐殺が判明した。ウクライナ国民をはじめ、国際社会に大きな衝撃を与えたこともあってか、交渉は途絶してしまう。[*10] 少なくとも、開戦当初にはたとえ時間稼ぎという理由があったにせよ、ウクライナとロシアの双方から停戦交渉の意思が存在したことは確かである。しかし、停戦交渉の途絶以後、一挙に戦線の拡大と戦闘の激化がみられることになる。確かにゼレンスキー大統領も開戦後間もないころは、「交渉によって早期に戦争を終結させる」とか、「戦争は交渉によってしか終結しない。自分は何時でもプーチン大統領との直接会談に臨む用意がある」と発言していたとのことである。[*11] 同大統領は、何時、何故変節したのであろうか。

以下、停戦を求める声を和平派、ロシアのウクライナからの撤退及びロシアの敗北を求める徹底抗戦派を正義派とし、この両派に分別して述べることにしたい。

歪められた和平論

停戦問題を論じる場合、最初に確認しておくべきは、侵略されたウクライナ国民が語る和平論と、徹底抗戦論を叫ぶ声と、第三者である私たちが主張する和平論と正義論とは、次元の異なる問題なのか、と言うことである。当事者と部外者と敢えて分けること自体にも問題は残りそうだが、ここで論じようとしているのは主に、第三者である私たちの問題である。

当事者の和平論と正義論も大きく分立していることは想像に難くない。主に西側の、言葉を換えて言えば、主にアメリカの肩越しに入ってくる情報では、ウクライナの圧倒的多数がゼレンスキー大統領の主導する徹底抗戦を支持し、団結は益々固まっているとのことだ。そのことを十分にリスペクトしつつも、留意しておくべきは、その一方で第三者の視点からしても、徹底抗戦への疑問や不満、さらに言えば停戦の条件を明示しないまま、総動員体制を固め、長期戦を強いる政権に反対の姿勢を示したいと考える人たちも少なくないであろうことだ。

だが、その声があったとしても、表にはなかなか出てこない。ウクライナの複数の民放メディアも政党も、ゼレンスキー大統領の与党たる「国民の僕《しもべ》」以外は、親ロシア諸政党を含め、全ての政党を非合法化する措置に出た。なかでもウクライナ最大の親ロシア派政党とされる「野党プラットフォーム　生活党」は、活動禁止と財産没収の強行措置が執られた。二〇二二年六月二〇日のことである。これより先に共産党など含め諸政党が「挙国一致」を口実に解散させられてしまっている。[*12] そこに挙国一致を目指すゼレンスキー政権の意図があることは確かだが、そこから抗戦論一色となる背景だけは押さえておくべきであろう。

戦争という状況下にあっては、このように言論空間は極めて歪な形を採らざる得ないとしても、抗戦一辺倒では必ずしもないウクライナ国民の意思が封殺されている側面も否定し難い。

領土を奪われ主権を侵害されたウクライナ国民が、その塗炭の苦しみから解放されるためには、即時停戦を望むのは本来根源的かつ生理的な理由でもある。だが、そこに政治的軍事的な意味付けを求める政権運営者たちは、ロシア軍撤退や領土奪還など可視化された成果を獲得しない限り、政権運営の正統性を確保できないことに固執していると思われる。それもあってか、和平に踏み切れないでいる。ウクライナ国民の生命・財産の守護のためには、たとえそれが侵略戦争を受けた場合であっても、即時停戦を希求することも必要な場合もあろう。それが政治である。

権力や国家が全面化している分だけ、国民の生命・健康は後方に追いやられる。政権は国家(領土・主権)と、国民(生命・財産)を同列には置かないものだ。戦争状況のなかでは、必然的に国家優先と成らざる得ない側面がある。問題は、それを肯定するか否定・拒否するかであろう。そこから当然ながら停戦か抗戦かの判断も左右される。

非常に詰めて言えば、侵略されたのは国家なのか、国民なのか。国家と国民の一体性を強調する国民国家論的な視点からすれば、それ自体を分立することは無理があるかも知れない。しかし、国家保守のために、国民が犠牲を強いられる構造あるいは状況を如何に捉えるかである。やや結論を先取りしていえば、和平論も正義論も、その根底には国民国家論の限界性が露呈されているのではないか、ということである。

国家優位ではなく、国民優位（人間優位）こそを前提にするならば、国家の限界性とは別に国民・人間優位の社会と、その集合体としての国際社会の構築こそ焦眉の課題となろう。そうした発想を共有してこそ、停戦なり和平への道筋が見えてくるのではないか。

少しばかり、結論を急ぎ過ぎたかも知れないが、こうした道筋に至るまでに触れておかなければならないのは、一体何であろうか。

そこで望むのは和平論の説得力の深化である。とりわけ停戦論の具体的な条件の確認である。ロシア軍の撤退、ウクライナのＮＡＴＯ入りの見送り、ロシア占領地の処遇は和平交渉に委ねること、などであろう。加えて、ウクライナやロシアをも包括する安全保障体制の再構築などがある。そうした停戦案は、かつてのドンバス戦争を取り敢えず終息させたミンスク合意に近い内容でもある。

同時に和平交渉に入る入口としての停戦がもたらす普遍的な利益である両国にもたらされる平和や幸福などの価値は、領土や主権に優る価値であり、当事国をも含めた全人類的な課題であることを粘り強く訴え続けることこそ和平論の根幹に据え置かなければならない。

侵略したロシアは、自前の耐性力を発揮して継戦能力を逞しくしており、政治的な敗北はあり得ても、軍事的な敗北は予測し難い。西側からの経済制裁にも拘らず、経済成長率は侵略戦争開始以後もプラスを維持している。この戦争がロシア経済を破壊することは考えにくい。

一方のウクライナの経済状態は、すでに崩壊状態に近い。主要な工業生産地帯をロシアに押さえられ、債務も膨らむ一方である。加えて国民の海外流出が既に総人口約四〇〇〇万人の二割前後となっており、労働力不足がウクライナ経済の低迷に拍車をかけている。

現状のままでは、たとえ戦争が終結したとしても、このうちどの程度が再び祖国の土を踏もうとするのだろうか。帰国できたとしても、ロシア軍の攻撃によって社会的インフラの相当部分が破壊されてしまった現実が待っている。つまり、労働現場が喪失し、労働の対価を得る機会をも奪われているのである。戦時動員のために働き手の多くが兵士として戦場に赴き、彼らも無事生き延びたとしても多くの場合、職場を失っているはずだ。

こうした事態が戦争が長引くほど、一層深刻化することは間違いない。戦争継続は兵士の生命を奪うだけでなく、労働現場を奪っていくこと、そのために国家は存続しても、その国家が空洞化していくのである。そして、ウクライナが勝利を得たとしても、支援経費の返済が待っている。

こうした意味で和平論のなかに、ウクライナ国民や兵士の生命が奪われる状況と同時に、社会生活を支える労働現場の喪失が余儀なくされる事実こそ一層前面に出すべきであろう。そうした予測される実態を背景にして、もうひとつ主張すべきは、この戦争にたとえ勝利し得たとしても、喪失する対象が余りにも多いことである。

主権と領土の取り戻しは、当然のことながら侵略された側にとって唯一無二の目標である。そのために甚大な人的物的損失を敢えて犠牲にすることを厭わなかったことは、確かに尊敬されるべきかも知れない。しかし繰り返すが、膨大な債務に苦しめられることになり、ウクライナ経済は厳しい状況下に置かれる。愛国の精神を持ち出さなくとも良いかもしれないが、愛国のために甚大な国民の犠牲を厭わないことが正しい選択かどうかは、再考すべきであろう。その意味で和平論は、国家を守護すること以上に、国民の生命・財産を守護することに比重を置く発想であることを鮮明にする必要がある。

歴史が示すように戦争には敗者も勝者もないと繰り返し指摘されてきた。これは戦争の勝敗は、国家を最重要の単位、あるいは戦争の主体として国家を位置づけるがゆえに、戦争の帰趨として勝敗で戦争結果を判断する。

これに換えて、国民の生命・財産を守護することで戦争の帰趨を決定するならば、二〇二三年夏の時点でウクライナ・ロシア両国合計して戦死傷者は五〇万人に達したとされる。一般市民の犠牲を詳細に追って行けば、この数字はもっと膨らむ。破壊されたインフラなどの被害総額は、現時点では計り知れないはずだ。国民の生命・財産の守護という視点を第一に据え置くならば、そのための方法は停戦決定と和平交渉にしかないことは明白ではないか。

しかし、こうした議論に対して正義派の人たちは、次のように批判する。すなわち、「和平派の人たちは、自分たちは現実主義者であるという認識のもと、まず現に戦闘が続くと犠牲が増えてしまうではないか、そして最終的にプーチンが核を使うかもしれない、主にこの二点を強調すると思います」[*13]と指摘する。その通りである。

だからと言って、この判断が間違っているとする結論には至らないのではないか。そう主張する理由として、続いて「停戦をしても住民の犠牲は減る訳ではありません。……現在のロシア軍の振る舞いを観ていると、手を挙げたら平和な日常が帰ってくるとは到底思われません」[*14]と言う。

確かにその通りかもしれないが、だからこそ、戦争当事国以外の複数の国で共同監視団を編成し、停戦の継続と停戦内容の履行の徹底化を図ることで、そうした危惧を払拭できないか。それも無理となれば、そもそも和平派か正義派かで論争することも無意味であろう。また、どちらが現実主義者か理想主義者などと言う選別自体も少々低レベルの発想でもあろう。

普遍性欠く正義派の主張

国連憲章に違反して、一方的にウクライナを侵攻し、インフラ破壊とウクライナ国民の社会的基盤を破壊し、その生命を奪うロシアの侵略戦争は許し難い。

旧ソ連崩壊後のロシアとウクライナの蜜月と軋轢の繰り返しのなかで、ドンバス戦争など直接的な戦闘行為も何度も行われた経緯がある。既に触れたが、二〇一四年に一端は停戦に至ったミンスク合意は、言うならばウクライナとロシア双方の国家としてのメンツ（体面）を最低限保障する内容であった。しかし、そのなかでも親ロシア系住民が多く暮らすドンバス二州の帰属問題については、停戦以後の交渉で時間をかけて解決する方向性が示された。それは、ウクライナとロシアの国家の体面よりも、ドンバス二州の住民の生命・財産、そして未来を最大化する方法を紡ぎ出そうとする内容であり、まさしく停戦の目的に最も合致するものであった。

おそらく今回も、停戦条件が議論される場合、国家の体面よりも地域住民の生命・財産を如何にして担保するかに重点が置かれるべきであることは論を待たない。そうした内容を踏まえて、和平派と対立状態にある正義派の正しい主張と、同時に限界の所在について少し述べておきたい。

正義派は、国家間の戦争を正義の戦争と不正義の戦争とに二区分する前提で議論を進める。当然ながら侵略国家ロシアが行った戦争は不正義の戦争であり、侵略を受けて国民あげて徹底抗戦に臨んでいるウクライナに正義はある、とするものである。

そうしたことをしっかり踏まえておかないと、国際社会では強き大国が他国の領土や主権を自在に席巻する可能性があり、恣意的な秩序を創り上げて弱小国にそれを押し付けることになる。したがって一端不正義の戦争を容認すれば、国際秩序が乱れ、国際社会はアナーキーな事態に追い込まれるであろう、とするものである。

こうした理解は日本を含め、一般的に受け入れられているものであり、これに異議を唱える者には不正義なる者だとのレッテル張りが待っている。正義とは何か、などと原点に戻って議論を始めようものなら猛烈なバッシングを受ける。

ここで一つ卑近な事例を挙げよう。

かつて二〇〇三年三月二〇日から開始されたイラク戦争において、アメリカのジョージ・ブッシュ大統領（当時）は、この戦争を「正義の戦争」（Justice War）と位置付けた。イラクのサダム・フセイン大統領が「大量破壊兵器」を隠し持っている、との理由でイラク侵攻作戦を実施したが、その侵攻作戦を「正義の戦争」と位置づけ、アメリカ国民に戦争の意義を説いたのである。だが、「大量破壊兵器」は結局見つからず、甚大な犠牲をイラク国民に与えたものの、アメリカを始め有志国の勝利として戦争は終結する。

また、戦前の日本は中国を含め、アジア地域に「大東亜共栄圏」を建設する侵略戦争を開始したが、その時の戦争目的を「自存自衛」と称した。要するに侵略する側、戦争を仕掛ける側は自己都合で戦争理由を多様なレトリックを使いながら戦争への理解を獲得し、動員を強行しようとする。

それは二〇二三年一二月中旬現在も進行中のイスラエルのガザ空爆による大量殺戮行為を自衛

のためと称するのと共通する。パレスチナ人の武装組織ハマスのイスラエル奇襲と人質を取ったことに批判が集中している。それ自体は不法行為だとしても、長年のイスラエルによる非合法によるパレスチナの土地への不法入植と恫喝・殺戮などの国家犯罪への抵抗としての行為であった。

これまでパレスチナ人との共存を拒否してきたイスラエルの姿勢に、国際世論は容認し難いとする姿勢を採っている。それがハマスの奇襲となって表現されたこと自体は残念な事実だ。そのハマスの奇襲に対し、イスラエル軍によるガザ地区の民間人をも対象とする苛烈な空爆により、二〇二三年一二月に入った時点で実に一万二〇〇〇人以上の犠牲者が出ているとされる。自衛権行使があらゆる意味で許されている訳ではない。国家主権の発動としての自衛権が、人間の生存権を凌駕する状態が頻発する世界であれば、今一度国家主権そのものの再考の時でもあろう。

ロシアのプーチン大統領も、ウクライナ侵攻を「特別軍事作戦」と称して、国際法でいう戦争ではないとし、二国間の懸案事項を軍事力の投入で強引に解決を図ろうとする。その意味で、その名称を用いた。そうした観点から正義論の大きな問題点は、侵略者が恣意的に使用する歴史があることは知っておく必要がありそうだ。これまでの戦争が概ね自衛論で説明され、それを容認してきたことの問題性である。

したがって、停戦和平へのプロセスを容認せず、基本的には諸外国からの軍事支援を厚くしてウクライナの徹底抗戦を後押しし、ロシア軍の撤退若しくは敗北に追い込むことを何よりも優先すべきだとする正義派の問題点は、次のようになろう。

一つ目の問題は既に述べたように、この戦争がロシアは認めていないとしても、国家間の戦争であり、しかも侵略者ロシアに鉄槌を加えることなくして独立国家の主権と領土は守護できないとする判断である。それが国民より国家優位論から発した思考である点は先ほど指摘した。現実に侵略を受け続けるウクライナの状態を横に置いて、国家優位論の限界性を説くのはリアリズムに欠けるかもしれないが、国家優位論を所与の前提とする限り、正義対不正義の二項対立論に収斂してしまいかねないことに懸念を抱く。

二つ目の問題として、正義派は結局、ロシアを敗北にまで追い込むことで国際秩序の安寧が担保されると考えているのではないか、と言う点である。これは非常にリスキーな論点である。ロシアはアメリカと並ぶ強大な核戦力を保有する核軍事大国であり、最終的に国家防衛を口実に核兵器使用をも辞さない可能性は否定できない。プーチン大統領も、その可能性をブラフ（脅かし）として再三口にしている。第三次世界大戦を招きかねないリスクを正義派は、いかに説明するのか。

この物言いに対し、直ぐにロシアのブラフに屈服することになる、との反論が出るであろう。そうではなく、核を使わせない方途を紡ぎ出そうと言うのだ。ロシアが危険であればあるほど、ロシアを国際社会の枠組みから排除することほど、危険度は増すばかりである点に注意を喚起したいということである。

第一次世界大戦後のドイツの如くベルサイユ条約によってドイツに天文学的な戦争賠償を要求し、海軍と空軍の解体を命じ、陸軍一〇万人への制限などを課した結果、これに反発するナチスの台頭を生む原因となったことは歴史が教えるところである。

無制限な妥協をするのではなく、戦争の帰趨如何に拘らず、ロシアを含めた新たな安全保障体制なりルールを設定することで、現在と未来の戦争を防止する知恵を紡ぎ出すことに注力すべきであろう。たとえ、侵略者であっても、壊滅させることは、新たな暴力の種が埋め込まれることにしかならない。イスラエルがたとえハマスを壊滅に追い込んだとしても、憎しみと暴力の連鎖は断ち切れないのと同じように。

乖離を超える議論とは何か

ウクライナとロシアとは、三五〇年以上もの間、実は一つの国だったとされる。だから独立したウクライナにはロシア語を話す人もいれば、ロシア文化や習慣のなかで生きて来た人たちが東部ドンバス二州を含め、ウクライナ全土に居住している現実がある。その長い歴史を持ちながら、現在二つの国に分立したことで、両国ともに深刻な矛盾を抱え込んでいる。今回の戦争も、これまでの戦争も、そうした矛盾を要因として起きている。そのことをも含めて停戦論も正義論も語る必要がある。

この長い歴史のスパンを現時点の問題だけに集約するのは簡単ではない。正義派の論客の方たちには、現状で停戦が成立した場合、侵略されたウクライナが不利となり、ロシアによる領土占領と恫喝は続き、ウクライナ国民の人権も抑圧される事態に変わりはないのではないか、との主張がある。繰り返すが、裏付けのある具体的な目標を掲げた停戦案を創り上げ、その遵守と実行を第三国が監視団などを編成、駐在させる格好で機能させる必要があろう。

もう一つ、正義派の主張をウェッブ上で目を通して、印象に残ったのは次の指摘である。「武器を置くことは出来ない。武器を置けば私たちは消えてしまう」とのゼレンスキー大統領の発言を紹介していることだ。二〇二二年七月四日に東洋大学で行ったオンライン演説の一説ということだが、ウクライナの現実を率直に表明している文言である。軍事支援が滞れば、自動的にウクライナの抗戦力は激減し、限界を迎えること。その結果、ウクライナの敗北とロシアによる全土占領の確実性を訴えている。その通りに思われる。

それで問題は、軍事支援の継続と強化を優先し、ウクライナの抗戦をあくまで支援し続けるのか、それともウクライナとロシアに停戦を働きかけて、ウクライナの抗戦中止とロシア軍の撤退を同時的に実現させる方向性のなかで、停戦・和平への厳しい道を切り開くことを第一の選択肢とするのか、であろう。

正義派は、抗戦国の主体性を尊重すべきだとして、第三者が抗戦停止を呼びかけるのは、そもそもウクライナ国民をリスペクトしていない証拠だと主張する。果たしてそうだろうか。

軍事支援を受ける形で抗戦を継続するウクライナと侵略を続けるロシアとの戦争は、すでに二国間だけの戦争ではないことは明らかだ。従って、もはやウクライナ独自の戦争ではない。軍事支援という形を採りながら、同時に背後に中国やベラルーシ、朝鮮などの諸国からの直接間接の支援を受けるロシアも、NATO諸国から軍事支援を受けるウクライナと同質である。この戦争は既に朝鮮戦争と同様に「国際内戦」の様相を呈している。つまり、この戦争の帰趨は、すでにウクライナとロシアという戦争当事国だけの判断だけでは終息の見込みがないのである。

どのような用語を使うかは躊躇するが、ここは中国、アメリカ、トルコ、フランスなど、戦争当事国と深い繋がりを有する諸国の仲介・介入が必要な段階に来ていることも確かであろう。それは決してウクライナをリスペクトしないということではない。ウクライナは既にこの戦争を自国だけでは統制・統御できない事態に追い込まれてしまっているということだ。

侵略され、領土主権を棄損され、甚大な犠牲者を出し続けるウクライナは、このままではゼレンスキー大統領が語るように消えてしまいかねないのである。軍事支援をあくまで継続するのではなく、とにかく停戦交渉に入ることである。停戦仲介者はロシア軍のウクライナ領土からの撤退、欧米諸国によるロシアへの経済制裁の解除、ウクライナにNATO入りの断念、同国への戦後復興プログラムの提示を行うべきである。

アメリカの二重基準

停戦を求める国際世論は日増しに高まっている現実がある。その停戦要請を期待できる国際機関として国際連合（UN）がある。重要事項は常任理事国が有力な力を有する。そのなかにロシアがあり、そのロシアを中国が事実上支持している。アメリカ、イギリス、フランスはウクライナ支援に注力している。

こうした事実を踏まえて、今回のロシアの行動は国連憲章違反だとの観点から国際社会もロシアへの批判が強い一方で、必ずしもロシア批判一辺倒でないのも国際社会の現実である。そこには国連常任理事会への不信が存在する。ロシアの国連憲章違反は明らかだが、一方のアメリカがこれまで国連憲章を忠実に順守してきたかと言えば怪しい限りである。かつてはグレナダ、パナマ、イラクなどへの侵攻に対し、アメリカは国連を無視する行動を採り続けた。

近々の事件では、二〇二三年一〇月七日に起きたパレスチナのハマス*15がイスラエルに向けて大量のロケット弾を撃ち込み多数の犠牲者を生み出した。

この問題に対応するために、国連安保理は、二〇二三年一〇月一八日に緊急会合を開催し、議長国のブラジルが「イスラエルとイスラム組織ハマスの大規模戦闘の一時停止を求める決議案」をフランス、日本など一二カ国が賛成して採択したが、アメリカが拒否権を行使したため否決されてしまった。

アメリカ国内におけるユダヤ人の存在の大きさの反映もあってか、ガザ地区への地上侵攻を企画しているイスラエルにアメリカは全面支援を約束している状況である。つまり、アメリカの意向によって、アメリカの正義はいかようにも変質するのである。*16

この意味をも踏まえて言うならば、正義の正当性を担保する解釈は存在しないに等しく、自国あるいは自己利益を基準にして使われる用語として正義がある。従って、ここで重要に思われるのは、正義という曖昧で多様な解釈を許すようなイデオロギーではなく、生きた人間の生命や健康、財産を如何に保守・守護するかで停戦に踏み切るのか、戦争を継続するかの判断をすべきであろう。

もちろん、正義派もそのことに全く関心がないわけではないはずだ。ただ、自らの所属する国家利益や自己利益を保守するためには、国家第一主義的な言葉の代わりに、正義の用語を用いることで自らの立場を保守しようとしているのであろう。しかし、正義が数多の人命を損傷させるものである限り、正義には非常に非人間的なイデオロギー臭を感じ取ってしまう。

現在日本での安全保障論も似た所がある。日本でも圧倒的に主張される安全保障政策は、軍事には軍事で対応する軍事的安全保障論である。安全保障とは、本来人間の生命・健康・自由を守り、保守することを「安全」と言い、その安全を「保障」する手段として軍事力ではなく、非軍事的な手段を行使することを平和的手段と言う。

アメリカの安全保障研究者であるエドワード・コロジュは、「最も純粋な安全保障は、人間の自由である」[*17]と喝破した。正義派の安全保障論は、恐らく「最大の安全保障は、軍事力の強化である」とする思考に偏在しているのではないか。旧態依然とした国家論の呪縛から解放されなければ、軍事支援と戦争継続、侵略者の敗北と国際社会からの排除・追放という強烈な敵意識が先行してしまう。

この思考が続く限り、国際社会は数多の軍事ブロックのなかに身に置くことで、自らも戦争政策を選択してしまいかねない状況下にあることを自覚すべきではないか。

停戦和平か戦争継続かの二項対立から脱するために、既存の国家観念を一端離れ、人間の復興を第一とする安全保障論を構築するときであろう。そうした方向性を検討するなかで、ロシア・ウクライナ戦争の停戦と和平交渉への道が切り開かれるはずだ。

第二章 安全保障問題の現段階

～戦争の「できる」国から「する」国へ～

1. 戦争の「できる」国から「する」国へ

戦争モードに入った日本の現状

二〇二三年五月二一日に広島で開催予定のG7で、ウクライナに訪問したことがない首相は、長らく日本の岸田首相だけだった。首相官邸内では、岸田首相をウクライナに送り出すか、送り出さざるべきかで侃々諤々《かんかんがくがく》の議論があったといわれる。アメリカも日本の首相がウクライナを訪問するメリットがあるとは、必ずしも考えていないようだった。だが結局、二〇二三年三月二一日に極秘でウクライナ訪問を実現する。本当にウクライナに出かけて何をするのか、その戦略的判断が全く見えてこない。

二〇二二年六月二九日に続き、二〇二三年七月一二日も二年連続でNATOの国際会議に岸田首相が出席した。NATOの加盟国でもないのに、何故に岸田首相が出かけたのか。ウクライナ支援に後れを取ってはならない、と言う自民党内外の圧力と思われる。アメリカのバイデン大統領からも、ウクライナ支援の陣営強化の一環として、積極的でないにせよ最終的には岸田首相の判断に委ねた格好だった。

岸田首相としては、広島でのG7サミットがウクライナ支援を一層固めるためには、ウクライナ訪問未経験では迫力に欠けるとでも考えたのであろう。防衛省サイドを含めて首相官邸側には、日本の準NATO化という問題が浮上しているようで、岸田首相は、結局ウクライナに出向き、五五億ドル（約七三七〇億円）の支援を約束した。持参したのは広島名産の杓文字《しゃもじ》だけでなく、巨額の支援金という手土産だった。税金が事実上戦費に使われることになった訳である。

つまり日本も、ヨーロッパの国ではなくアジアの一員だが、NATO諸国と同じような立ち位置を持つことによって、国際国家日本としての役割、貢献度を高めていこうというのである。日本はあくまでアジアの一員であり、ASEANを中心とした、反核・反戦を基本原理にした国際機関を強化し、そこに参加していくことによって、まさに反戦・反核のアジア地域を構築するべく、日本は大きな役割を担っていくことこそが重要である。七〇〇〇億円を超える巨費は、事実上の軍事支援ではなく、停戦を実現させることを条件に復興資金として供与する約束をして帰ることこそ、平和憲法を堅持する日本外交の基本姿勢ではないか。

ＮＡＴＯ加盟国、あるいは準ＮＡＴＯ加盟国になったらどうなるか。日本にとって次に出てくる問題は核武装である。ＮＡＴＯ諸国は核武装している国が引っ張っている。アメリカ、イギリス、フランスだ。ドイツもイタリアも核兵器こそ保有していないが、おそらく核抑止力という問題と日本のＮＡＴＯ入りという問題が、ワンセットになって出てくるかも知れない。

ロシア・ウクライナ戦争の進捗状況への焦りからか、ロシアのプーチン大統領は核兵器使用の可能性を示唆してＮＡＴＯ諸国を恫喝しようとし、アメリカも核戦略として先制核使用を辞さない方向への舵切りを図っている。この核兵器使用への可能性は、今回のイスラエルとパレスチナとの対立のなかで、イスラエルの現職閣僚からも核兵器使用発言が飛び出す始末である。[*1] 核兵器使用への敷居が低くなっているのである。

国際戦略というほどの戦略ではないが、そういう方向性の中で日本が、ＮＡＴＯ諸国並みの、いやそれ以上の軍事大国にならなければおかしいのだという発想が、岸田首相自身や首相官邸にある。もう一回言うと防衛費増額、ローンを含めて六〇兆円、トマホークをはじめ、反撃能力、敵基地攻撃能力、敵中枢攻撃能力という酷い話になってきてしまった。

敵の中枢機能を破壊するということは、ソ連のクレムリン、中国の中南海、アメリカのホワイトハウス、それからイギリスのビッグベンのあるあのパーラメント（イギリスの国会議事堂）、フランスのマクロン大統領がいるエリゼ宮、ここがいわゆる敵中枢になる。

だから、日本で言えば、首相官邸、防衛省などが相当する。防衛省には、中央指揮所があって、分厚い鉛に囲まれている地下戦闘指揮所がある。私たちは現代の大本営と言っている。もちろん防衛省の一階から四階までに指揮所、準指揮所がある。一番レベルの高いのは地中に造られている。

軍事要塞化する日本列島

戦争モードの事例は全国各地で顕在化している。その一例として、日本で最南端の島、与那国島は台湾からは一〇三キロメートルしか離れていない。その与那国町に、二〇二二年九月三〇日、「与那国町危機事象対策基金条例」[*2]が制定された。危機事態というのは安保法制の中でも出てくる言葉で、日本が危機事態に陥ったときに防衛出動するとか、国民保護法に従って、みんな逃げろとか、そう意味がある。ところが「危機事象」だから「現象」に近い言葉といえる。戦争がまだ起きていなくても起きるような、何となく雰囲気がしてきたら、与那国島の島民凡そ一四〇〇人は島から避難せよとの条例である。この中には多くの自衛官が駐屯しているから、正確に言えば自衛官・自衛隊だけ残して逃げる計画になる。

その際に必要な船賃や航空運賃も与那国町が事前に基金を用意し、退避する町民に貸し出そうという趣旨の条例である。要するに、戦争・有事になったら島から退避することを暗に勧告した内容である。何故島民の退避を行政が指導するかと言えば、与那国島に展開している自衛隊、あるいは展開するだろう米軍が自在に作戦行動を執り易くするためだ。作戦行動に島民が障害となると踏んでいるのである。かつての沖縄戦では、軍民混在の状況が生まれ、沖縄住民に甚大な犠牲者が出たことを教訓としているとも言える。それは、与那国島を軍事基地化する条例、もっと言えば、与那国島を要塞化する条例である。

軍民混在の状況となった沖縄では戦時中、壕追い出しがあった。壕というのはガマのこと、ここに住民が戦争から逃げて隠れていた。それに対して、先んじて入っていた日本兵がガマに避難していた地域住民を日本軍兵士の所在を秘匿するためにガマから追い出しを図った。これを沖縄では、「壕追い出し」「ガマ追い出し」と言った。住民は艦砲射撃がどんどん撃ち込まれている最中に追い出され、多くの犠牲者がでた。これを沖縄では「艦砲ハエヌクサー」と言う。ハエヌクサーというのは艦砲で殺されてしまうことで、沖縄の住民四人に一人が亡くなった。艦砲ハエヌクサーで亡くなった方が実に多い。それと同じように、島追い出しをやろうとしている。

与那国島には、現在非常に強力な自衛隊のレーダーがある。久部良地区では土地の買い占めが進み、さらに大きな軍事基地をあの小さな与那国島に設営する計画がある。

与那国のケースに先んじて、南西諸島には、石垣島をはじめ、膨大な基地群ができている。私たちには、かなり距離があるのでリアル感がないが、今日の与那国島は明日の南西諸島、明後日の日本列島の姿と言える。つまり、日本列島全体が軍事基地化・要塞化されるという話だ。だから、新田原基地も百里基地も三沢基地も全部地下化の工事が始まっている。日本列島が要塞化される事態が迫っているのだ。

抑止力論の過ち

防衛省や制服組、あるいは政府内部の強硬派は、「だから先に相手を潰す」ことが重要だと説く。この主張の根底には、懲罰的抑止力論が見え隠れする。抑止力の強化・向上が日本の安全保障政策の一丁目一番地の如く頻繁に使われる説明である。

この抑止力には日本が直接侵略を受けた場合、これを拒否するための防衛出動として自衛隊が動員されるのが拒否的抑止力だ。言い替えれば、自衛隊の「専守防衛」戦略とは、この拒否的抑止力を言うのであろう。これと異なり、あくまで相手方の戦力などを先制して攻撃し、破壊するための抑止力を懲罰的抑止力と言う。その意味で言えば、現在の自衛隊は懲罰的抑止力の強化・向上を図っていると言える。つまり、自衛隊は「専守防衛戦略」を放棄しているのである。

しかし、いずれの抑止力も対処力、すなわち軍事力である限り、常に増殖していく性質を持っている。相手の軍拡が進行すれば、これに対処するために拒否的であれ懲罰的であれ、軍拡が常態化するのである。従って、抑止力強化・向上は幻想に過ぎない。同時に危険極まりないものである。軍事には軍事という関係性に縛られる限り、軍拡が常態化するのである。

卑近な例えかも知れないが、殺人事件を抑止するために死刑制度が存在するといわれる。しかし、殺人事件は一向に減少しない。つまり、死刑制度は抑止力を発揮していない。それでは何が大切かと言えば、殺人事件に及ぶ人間の環境問題、例えば貧困や差別などの矛盾の克服と解決を通して殺人に及ぶ動機付けを解除していくケアシステムの確立・強化である。これと同様に、抑止力をどれほど強化・向上しても戦争は防ぎえないのである。換言すれば、戦争を軍事力では防ぎ得ないのである。

社会の貧困、矛盾、抑圧といったものを、ヨハン・ガルトゥングは構造的暴力と呼んだ。その構造的暴力を一つ一つ解消していくことが、本当の意味で戦争の抑止となる。

抑止力とは、軍拡を正当化するための非常に体のいい口実に過ぎないということだ。日本は戦前に軍拡を常態化させ、軍事社会化してしまった。その行きついたところが敗戦であった。軍拡は戦争を用意するものであって、戦争を抑止するものではない。逆に人間の生命・健康、社会環境や自然環境まで酷く傷つけるものでしかない。一握りの「軍拡の利益構造[*3]」で利益を得る者たちのために、私たち一人ひとりの生命・健康・財産、そして自由まで危険と破壊の境遇に追い込まれてしまうのだ。

2. アメリカの軍事戦略に追随する日本

既存の「安保三文書」の内容

最新の「安保三文書」が二〇二二年一二月一六日に公表された。岸田文雄政権は、「国家安全保障戦略」、「国家防衛戦略」、「防衛力整備計画」（以下、一括して「安保三文書」と略す）を閣議決定・公表したのである。

ここでは、最新の「安保三文書」が公表されるまでの経緯を時系列的に振り返って整理しておきたい。何処が繋がり、何処が変わったのか。一〇年ほど遡及してみたい。

先ず指摘しておきたいのは、二〇一三年一二月策定の「国家安全保障戦略」には、「国際協調主義に基づく積極的平和主義」が掲げられたことである。文字通りに解釈すれば、国際協調主義の理念の下に平和主義を貫徹する姿勢を国際社会に向けて発信したものだ。勿論、ここで言う「積極的平和主義」が防衛力強化によって果たされる平和主義というトーンで掲げられていたものの、一〇年後の現在とは異なるスタンスで居たことは確かである。

そして、その五年後の二〇一八年一二月策定の「防衛計画の大綱」には、「多次元統合防衛力」の構築を基本的な考えとし、防衛対象を日本の陸海空の三領域に加え、宇宙・サイバー・電磁波の領域にも拡大する領域横断型の防衛力整備が強調された。

「国家安全保障戦略」が防衛戦略面の文書とすれば、「防衛計画の大綱」（以下、大綱）は、言わば防衛戦術面の文書と区分可能である。そして、以上二つの文書を具体化するために、五年毎に策定されるのが「中期防衛力整備計画」（以下、中期計画）だ。

二〇一八年の大綱には「基本的考え方」及び「獲得・強化すべき主な能力」を確保するとされ、そのために中期計画では「基本方針」として以下の五点が示されていた。それは、①領域横断作戦の実現に必要な能力の獲得・強化、②装備品取得の効率化・技術基盤の強化、③人的基盤の強化、④日米同盟及び安全保障協力の強化、⑤効率化・合理化を徹底した防衛力整備、である。

この五つの柱を二〇一八年から二〇二二年の五年間で達成することが目標とされ、整備に必要な全体経費として、およそ二七兆四七〇〇億円が計上された。これらが過去五年間にどの程度に達成されたかは厳しく評価され、次に繋げていく算段が採られる。これは解釈や分析の方法によっても、評価が分かれる可能性のある事柄が対象であり、政府・防衛省の評価内容が最新の「安保三文書」に反映される手筈であった。

また、大綱で明示された「領域横断作戦に必要な優先事業」として、宇宙、サイバー、電磁波、スタンドオフ・統合ミサイル防空などが挙げられている。このうち、宇宙作戦隊が二〇二〇年五月に、サイバー防衛隊も二〇一四年に約三〇〇人の隊員を擁して編成された。電磁波に絡む電子戦対応は、二〇二〇年から本格着手されており、継続して対応力の向上が図られた。また、新艦増設については、「もがみ」「くまの」の二隻のＦＦＭ（フリゲート艦に多目的＋機雷装備）が配備された。

さらに敵の対空ミサイルの射程外から攻撃するスタンド・オフ・ミサイルの導入計画が着々と進められている。ノルウェーから導入予定のＪＳＭ空対艦ミサイル、アメリカから導入予定のＬＲＡＳＭ空対艦ミサイルとＪＡＳＳＭ－ＥＲ空対地ミサイルなど外国からの導入兵器の構想が固められた。

統合ミサイル防衛としては、先に政府が断念した地上発射型迎撃ミサイル・システムのイージス・アショアの代わりとしてイージス・システム搭載艦が二〇二二年八月末、防衛省の概算要求の整備費に盛り込まれた。それによると二〇二七年度の就役を目指して二隻の建造計画が公表された。費用は二隻で五〇〇〇億円以上、三〇年間の補修及び維持整備込みで、凡そ九〇〇〇億円が必要とされる。同艦は全長二一〇ｍ、全幅四〇ｍ以下、基準排水量二万トンに及ぶ。以上の諸計画は次期の中期計画でも継続拡充されていく見込みと思われる。[*4]

「安保三文書」を規定する米軍事戦略

以上、旧「安保三文書」の大体の内容を踏まえたうえで、その時点で議論されていたのは、敵基地攻撃能力保有の是非、増額が既定事実化している防衛費などについてである。概観して分かるように、旧安保三文書の内容からして、日本の防衛政策が非常に前のめりなスタンスを外連味《けれんみ》なく表明しており、その意味で旧安保文書が公表された時点で、日本の防衛政策の大転換がすでに告知されていたとも言える。

旧「安保三文書」の背景として当時から盛んに論じられていたのは、米中対立の深刻化と、これに対応するのに余念のなかったアメリカの対中包囲戦略を中心とする米軍事戦略の内容が、次第に明らかにされていたことである。日本の防衛政策の研究者や日本の諸政党の安全保障政策担当者は、挙ってアメリカの軍事戦略の読み解きに注力し始めていた。五年毎に改訂される「安保三文書」とは、アメリカからの要請に応える性質のものであるからだ。

「安保三文書」の改訂内容を直接的に規定するものが、所謂《いわゆる》アメリカの対中国包囲戦略と一括して表現される軍事戦略である。それは、二〇一九年六月に米国防省が公表した「インド太平洋戦略」で明らかにされている。そこには中国とロシア、それに朝鮮への厳しい姿勢が貫かれ、中国は世界秩序を変えようとする「修正主義勢力」、ロシアは「甦った悪者」、朝鮮は「ならず者」と明記された。ライバルの確定によって陣営内の各国に覚悟を迫っているようにも受け取れる。

実は「インド太平洋戦略」には、二〇一八年二月に作成された秘密文書「インド太平洋戦略の枠組み」[*5]の存在があり、トランプ政権最末期の二〇二一年一月に機密指定が解除され、以上の内容がバイデン政権に受け継がれた経緯がある。インド・太平洋地域において中国を正面のライバルと見立てて、同地域に重厚な戦力配置を進めようとするものである。

その戦力の中心となるものが核戦力とミサイルだ。その点で先ず取り上げるべきは、二〇一八年二月に公表された「核態勢見直し」[*6]である。そこでは、相手方が通常戦力、つまり非核攻撃への対応をするのに核で報復することを排除しないと断言している。核戦力使用という場合、通例では核攻撃に対するに核兵器で報復するという、言わば対称性が前提だった。しかし、通常戦力に核戦力を投入するという意味での非対称使用を辞さないとしたのである。

それは、核使用の敷居が途端に低くなることを意味する。それゆえ、アメリカでは、低出力の核弾頭などの開発を表明し、全面核戦争に繋がるような大型核兵器ではなく、使い勝手の良いとされる小型核兵器を開発する方向を鮮明にしている。この方針により二〇二〇年二月から、広島原爆よりも低出力の核弾頭が潜水艦発射弾道ミサイルに搭載されて実戦配備中だ。

アメリカが通常戦力にも核戦力で対応する準備を進めている意味は二つある。一つには、核兵器の小型化・高度化のレベルで中国・ロシアを圧倒しているという現実、二つには、総合的軍事力で依然としてアメリカが一等地を抜くレベルを保持している、という自信である。勿論、そこにはアメリカの両国への恫喝の意味も含まれていよう。

アメリカがここにきて、核戦争をも回避しないとする姿勢を打ち出したことの意味は極めて重要だ。つまり、通常戦力（＝非核戦力）と核戦力との線引きを取っ払って、核戦力を戦力の中核に据え続ける意図と政策を宣言したことになる。

高度ミサイル・システムの日本への導入

アメリカの戦力のもう一つの中心がミサイルであることは間違いない。現在、アメリカは配備に余念がない。最近特に注目されているのは、極超音速で飛翔するミサイルだ。高度化するミサイルの導入を防衛省は実戦配備を含めて前向きに検討中であり、予想通り最新の「安保三文書」には関連事項が明記された。最近、「統合演習」など頻繁に使用される言葉として、「統合」の用語がある。「共同演習」は、二つの戦力がそれぞれの持ち場を設定し、それぞれの戦力を個別的に投入する意味が強いが、「統合」の場合は、二つ、三つの戦力が文字通り「統合された戦力」として一体化して戦力化されると解すことが出来る。ミサイル・システムも高度化されると同時に日米の統合ミサイル・システムの立ち上げが急がれることになる。

高度ミサイル・システムと言えば、この分野に力を入れているロシアでは、ウクライナ攻撃の折にキンジャールと命名された極超音速滑空体が知られている。中国も二〇一九年一〇月一日、建国記念日（国慶節）に東風17と命名された極超音速滑空ミサイルを軍事パレードの場で公開した。このミサイルは二段式ミサイルで、弾頭部分が極超音速滑空体となっている。

こうしたロシアと中国の新型ミサイルに対抗するため、アメリカは二〇二一年三月一九日、極超音速滑空体の飛行試験に成功したと発表。これは米陸軍と米海軍が共同で開発している共通極超音速滑空体だ。例えば、二〇二三年度に配備予定の陸軍の中距離極超音速兵器（ＬＲＨＷ）は、飛翔距離二七七五kmとされ、日本の九州方面に展開配備すると中国大陸奥地までが射程圏内とされる。

アメリカは中国との戦争では核兵器を用いない地域紛争レベルの通常戦争を想定しており、想定戦場は尖閣諸島（魚釣諸島）、台湾、南沙諸島及び西沙諸島の周辺海域だ。中国大陸に地上侵攻する可能性は低い。新しい中距離ミサイルは、想定される戦場に飛んで来る中国軍の戦闘機の運用を妨害し、同時に航空基地の破壊が目的と言える。

常識的に言えば、中距離ミサイルである長距離極超音速兵器は、九州南部から琉球列島沿いに引かれた第一列島線に配備されていく可能性がある。再装填や再発射が比較的容易である地上発射が合理的である以上、現在、自衛隊基地が南西諸島に設営されている状況から、近い将来、同じ場所にアメリカのＲＨＷ（中距離ミサイル）が持ち込まれる可能性は否定できない。言うならば、自衛隊はその先鞭をつけるべく展開し、近い将来において日米のミサイル部隊が共同して対中国を正面に据え、猛烈なミサイル攻撃を仕掛ける態勢を整えつつあると思われる。

このように捉えるには理由がある。アメリカのインド太平洋軍が、二〇二一年三月一日にアメリカ連邦議会に提出した要望書には、「第一列島線の長距離兵器で武装した地上部隊は……」との件が明記されているからである。「長距離兵器」とは極超音速兵器を指すことは誰の眼にも明らかだ。ここで言う「長距離兵器」とは、既述のＲＨＷを示していると思われる。「ダークイーグル」と呼ばれ、米陸軍の移動式新型ミサイルであり、いずれは沖縄南西諸島への配備が在り得るミサイルであろう。

こうした新たなミサイル・システムをめぐり米中ロ間で激しい軍事技術開発競争が展開されるなか、二〇一九年一月、アメリカ国防総省は「ミサイル防衛見直し」を公表した。ここでロシアと中国の極超音速滑空体への対応が検討されている。日本でもマッハ一〇に達する極超音速ミサイルを迎撃するための次世代の兵器開発に余念がない。

アメリカの作戦計画に組み込まれる自衛隊

中国とロシアを対象とした作戦展開に絞り込む方向性のなかで、戦力投射地域が事前に確定されてきた現状を踏まえて、アメリカ軍と自衛隊の一体化が一段とクリアにされてきた。自衛隊が西日本一体にシフトしてきており、自衛隊との連携も視野に入れて、これらアメリカ軍と自衛隊との関係性を明確にする必要に迫られていることだ。

特に紹介しておきたいのは、対中国作戦構想としての「海洋プレッシャー作戦」である。レポートの正式タイトルは、「鎖の強化―西太平洋における海上プレッシャー戦略の展開」で、「インサイド・アウト作戦」を基本とする。要するに中国に対しては、従来の近接作戦に代わり、第一列島線と第二列島線の〝二本の鎖〟で封じ込めようとするもの。

第一列島線には各種ミサイル部隊を地上に配備して中国を牽制・攻撃し、第二列島線周辺基地から発進する海上・航空戦力がこれを補完すると言う。そこで第一列島線を拠点とする部隊をインサイド部隊、第二列島線周辺で展開する部隊をアウトサイド部隊とする。この二本の鎖で文字通り中国を縛り上げようとするものだ。ここで問題となるのは、いわゆる「インサイド・アウト作戦」では、海上拒否作戦、航空拒否作戦、情報拒否作戦、陸上攻撃作戦と四つの作戦から構成されるとされていることだ。第一列島線は中国の海上・航空戦力の阻止線と位置づけられており、ここをどの部隊が中心となって展開配備に就くかである（**左頁図参照**）。

ただ、非常に懸念されるのは、日本の南西諸島群の上に第一列島線上が覆うように設定されていることから、現実に配備展開中の自衛隊及び自衛隊基地施設が、ここで言うインサイド部隊として想定されているのではないか、ということだ。これは誰の目からしても指摘可能な現実である。ということは南西諸島の自衛隊配備は、こうしたアメリカの対中国軍事戦略を構成する肝になっていることが分かる。そう考えると、自衛隊の南西諸島配備計画の意図が透けて見える。

　南西諸島に配備展開する自衛隊は、アメリカの対中国戦線の最前線に置かれることを意味する。沖縄本島を含め琉球弧に点在する島々と島民が戦争の最前線に置かれ、明日戦争が起きずとも紛争・戦争の恐怖のなかでの生活を余儀なくされることだ。沖縄が再び、米〝本土防衛〟と〝米軍基地防衛〟の為の盾となりつつある。現地沖縄では、このことの危機意識は頗る高い。

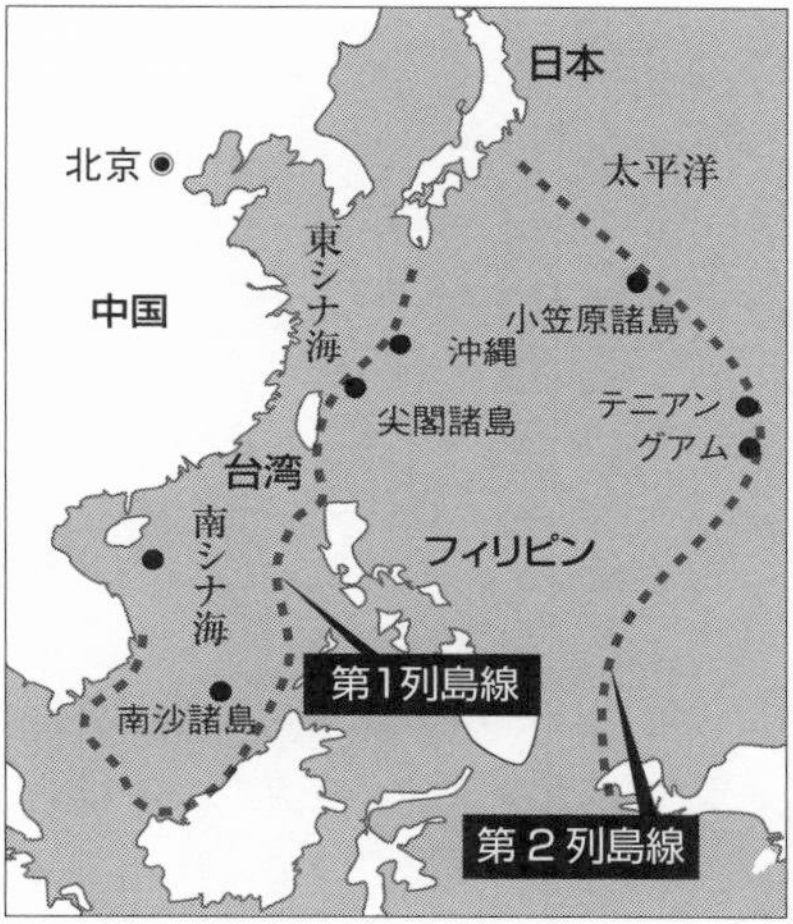

第一・第二列島線
出所）https://www.bing.com/search?q

増強される在日米軍兵力と中国敵視政策

　また、二〇二〇年三月、有事発生の場合、緊急展開部隊である米海兵隊の再編を示す「戦力デザイン二〇三〇」が公表されたが、ここで注目されるのは、海兵隊員が一八万六三〇〇人から一七万四三〇〇人と一万二〇〇〇人の削減が実施されることである。そこでは戦車の全廃、陸上戦力の骨幹である歩兵大隊の削減などが計画されている。要するに強襲上陸部隊や内陸部隊を軽減し、即応戦力の強化、島嶼防衛と着・上陸阻止を担う沿岸戦闘部隊の編成が企画されている。

米国防総省は、二〇二一年一一月二九日、「グローバル・ポスチャー・レビュー」（地球規模の米軍態勢見直し）を公表した。新聞報道によると、「豪州やグアムの米軍施設を強化することなどを明らかにした。インド太平洋を「優先地域」に位置づけ、中国の脅威に対抗する姿勢を改めて鮮明にした」という。ここでの要点は、日本、韓国、オーストラリアなど地域の同盟・友好国との軍事連携を強化し、中国や北朝鮮からの攻撃や脅威に備えるということだ。

これは従来のアメリカ軍戦略の継続を確認したもの。ただ、現在のところ堅調とされるアメリカ経済ではあるものの、相対的にはアメリカ経済の発展には陰りが見え始めている。経済浮揚策の一環として、アメリカの国家予算は二〇二〇年度で四八五兆円に上り、当年度の国防予算は約七二兆円で国家予算の一四・八％を占めた。それが既述の如く、二〇二二年度は八八兆円に膨らんだ。毎年約一兆円の赤字を出し続けるアメリカの予算状況は、日本と同様厳しい状態が続く。さらに最新の情報では、軍事予算を一二〇兆円台に乗せることが連邦議会で承認されたとのことだ。

このように国防予算の伸びは歯止めがかからない状況だ。それでも何れ国防予算の削減は不可避となろう。それを見込んでか、穴埋めする意味でも、必然的にとりわけ同盟国日本への過剰な期待と要請が今後一層打ち出されてくることは間違いない。

これまで世界各地に展開配備されていたアメリカ軍は、特定地域に集中配備される傾向が既

アメリカ軍海外駐留兵力数の推移（単位；人）

順位	2011 年 9 月		2021 年 3 月	
	国・地域	人数	国・地域	人数
1	アフガニスタン	82,177	日本	55,297
2	日本	48,235	ドイツ	35,124
3	ドイツ	43,393	韓国	24,870
4	イラク	28,675	イタリア	12,455
5	韓国	28,271	イギリス	9,402
6	クウェート	16,811	グアム	6,125
7	カタール	11,812	バーレーン	3,898
8	イタリア	10,451	スペイン	2,868
9	キルギス	10,194	クウェート	2,191
10	イギリス	8,673	トルコ	1,683
	海外総計	336,645	海外総計	172,003

＊国防総省 DMDC のデータから（『朝日新聞』2021 年 7 月 27 日付）
＊纐纈厚『リベラリズムはどこへ行ったか』p.71-72 所蔵のデータから

に明らかだ。ここで、二〇一一年三月段階と二〇一九年九月段階におけるアメリカ軍の海外駐留兵力数の変化を順位別に記しておきたい（**表参照**）。概観して分かるのは、第一に日本への駐留兵力が一〇年間で七〇〇〇人余増えていること、第二に駐留兵力数が増えているのは日本だけであること、ヨーロッパの事実上の同盟国と言っても良いドイツとフランス、アジアの文字通りの同盟国韓国の駐留兵力数も、ことごとく削減されていることだ。

この兵力数の変容は、日本が現在アメリカにとって最大最適の同盟相手国、換言すれば共同作戦を展開するに足りる国家として位置付けられていることを示している。

それだけ日本の軍事的安全保障がアメリカに従属し、アメリカの政策と意図の下に、日本人の生命や安全が委ねられている現実を表している。

焦点は基地攻撃能力保有と防衛費増額問題

さて、ここで新「安保三文書」の内容として議論されてきた敵基地攻撃能力保有構想を中心に概観しておきたい。

当初言われていた「敵基地攻撃能力」が余りにも過剰なまでの先制攻撃戦略と見られたためか、政府は途中から「『反撃能力』と言い換えられる可能性は排除できない。攻撃と反撃とは軍事的には線引きできるものではない」と言いだした。問題は、この種の能力が攻撃であれ反撃であれ、防衛の概念のなかで括れる性質のものかどうかである。

結論を先に言えば、現行憲法上から言っても、また、自衛隊の合法性を担保する「最小限度の必要な防衛力」という位置づけからも大きく逸脱することだ。自衛隊の防衛出動は集団的自衛権行使容認が閣議決定されるまで、日本が急迫不正の侵略を受けた場合に限り、防衛出動が可能とされてきた。ところが集団的自衛権行使容認以降、「他国」が急迫不正の攻撃を受けた場合も防衛出動を可能とした。

この場合の「他国」がアメリカを指すとすれば、対中包囲戦略のなかで、米中軍事衝突が生起し、アメリカが攻撃を受けた場合、日本自衛隊は防衛の名の下に参戦を余儀なくされることになる。既に自動参戦状態に置かれているのである。つまり、米中戦争が万が一生じた場合、日本防衛のためではなく、アメリカ防衛のために敵基地攻撃能力の発動に追いやられことになっている。その辺の真相が巧妙な用語によって隠蔽されている。

現行の日米同盟を基盤とする日米両軍の一体性のなかから言えば、それは必然的に起こり得る。厳密に言えば、一部紹介してきたアメリカの対中包囲戦略を踏まえて実行を余儀なくされた自衛隊の戦争行動を支える戦力の一環として、敵基地攻撃能力の保有が企画されているのだ。

3．日米安保のＮＡＴＯ化を許してはならない——多国間軍事ブロックへの参入——

顕在化する対米隷従姿勢

自衛隊がアメリカの補完戦力として位置付けられていることは明らかである。しかし、政府も防衛省も、決して認めようとしない。独立国の「軍隊」であれば、他国の軍隊の補完軍隊と言えば、自らの独立性・主権性を自己否定することになるからだ。そうした問題に絡み、これからの日米安保の様変わりのなかで、特に先にも触れた日本の準ＮＡＴＯ化の問題を踏まえ、それらが最新の「安保文書」で如何なる表現として盛り込まれたかについて確認しておきたい。

今回の「安保三文書」が公表される以前では、日本の防衛力・抑止力を強化するという常套句が繰り返されることによって、アメリカから求められている自衛隊のミッションがオブラートに包まれることになるのではないかとの予測が専らだった。結果的には、日本防衛を口実とするアメリカ防衛への貢献を果たすことを確約した文書となった。

「安保三文書」とは、新旧違わず日本防衛ではなく、〝アメリカ防衛文書〟ということが明らかとなった。それは繰り返して指摘してきたことだ。アメリカを防衛する目的の下に、日本の防衛力強化が志向され、防衛費の増額が具体化されることになる。防衛費財源確保法という名の法律まで用意して、膨大な防衛費を捻出するために数多の税金が投入されるのである。

今に始まったことではない。安倍政権以降、特に毎年確実な防衛費の増額が続いてきた。来年度以降は対GNP二％の増額が既定路線の如く議論されていることから、二〇二四年度は過去最大の防衛費が見込まれる予定だ。

臨戦態勢を強いる多国間軍事ブロック

さて、ここでは新「安保三文書」の内容と、これに関連する安全保障政策の新たな展開を追っておきたい。それは、旧安保三文書にもまして日本に臨戦態勢を強いるような内容となっている。安倍元首相の遺訓とばかりに、岸田政権下で軍事大国化が急ピッチだ。その有様は、言うならば

〝死せる安倍、岸田を走らす〟の感がある。岸田首相は、その背中に〝安倍〟を背負っていると表現できる。臨戦態勢を強いる、という表現が過剰な物言いか、それともリアリティを伴った物言いか、少しでもクリアにしていきたい。

私の言う臨戦態勢が一気に敷かれた訳では決してない。客観的に言えば、それなりの段階を踏んで進められている。それを私は取り敢えず、この一〇年間の間にも三つの段階に分けて捉えている。

第一段階は、集団的自衛権行使容認と新安保法制による「戦争のできる国家日本」への転換期だ。日米安保が単に日米二国間の軍事同盟から第三国を加えて日本自衛隊の出動範囲と可能性が大きく膨らんだ段階である。それが二〇一四年七月一日の安倍晋三政権下における「集団的自衛権行使容認」の閣議決定[*8]である。

第二段階は、安倍元首相が〝ダイヤモンドセキュリティー〟と呼んだ「日米豪印戦略対話」（クアッド）による多国間軍事同盟の本格起動だ。第一段階の多国間軍事同盟への踏み込みが、ここで一気に具体化していくのである。二国間軍事ブロックである日米安保を基盤としつつ、それに加重するようにオーストラリアとインドをも抱合しようというのである。

第三段階は、防衛費倍増や敵基地攻撃能力の保持、さらにはクアッドとＮＡＴＯへの参入の動きに示される〝準ＮＡＴＯ国日本〟への踏み出しである。第二段階でクリアとなった多国間軍事ブロックをさらに拡大して、ＮＡＴＯとの連携強化を図ろうとするもの。アメリカの思惑としては、ＮＡＴＯ諸国とクアッド諸国とでロシアと中国を挟撃する軍事ブロックを形成することが射程に据えられているかも知れない。その枠組の下で将来的には日本・韓国・フィリピンがアメリカ主導の下で緩やかな軍事ブロックを形成する可能性も出てくるのではないか。そうしたアメリカの思惑に日本は積極的に便乗しようとする姿勢が透けて見える。

以上のような段階を踏んで軍事大国への道を直走《ひた》っている現実がある。その軍事大国を予算面でカバーしようとするのが防衛財源確保法である。そうした動きのなかで、防衛費の対ＧＤＰ比二％引き上げの議論などが不可避である。防衛費大増額による防衛力強化を金科玉条の如く繰り返す政府・防衛省は、大枠では憲法改正をも射程に据えて、この国の安全保障政策を完全に掌握し、世論の動きをも狡猾に取り込むことで一気に軍事大国化しようとしている。

なかでも私の言う第三段階の注目点は、ＮＡＴＯとの接合による〝アジア版ＮＡＴＯ体制〟の構築である。最終的には、ＮＡＴＯとインド太平洋同盟による対中国・対ロシア封じ込め軍事戦略の立ち上げが意図されていると見て良いだろう。

従って、現在は第二段階から第三段階への途次にあると言える。これら諸段階は直線的に進むというより、重層的な動きとして立ち現れる。これら全ての段階で日本の防衛政策は、アメリカの軍事戦略の枠組みのなかで設定され、政策化される。そして、ロシアのウクライナ侵略戦争によって、この段階の展開に拍車がかかっている。

拍車かかる自衛隊の軍拡

現段階での注目点は、防衛省が二〇二三年八月三一日に提出した「二〇二四年（令和六年）度予算の概算要求の概略」で、五兆五九四七億円を計上したこと。同額は、同年度当初比三・六％増に相当する。加えて、金額を明示しない一〇〇項目もの「事項要求」を盛り込んだ。そのうえで年末にかけて増額幅が決定されていく段取りとなる。経常費に一兆円規模の増額となる可能性がある。要するに、六兆五〇〇〇億円前後となる計算だ。まさに自衛隊軍拡予算が計上され、留まるところを知らない状況だ。

二〇二二年三月、防衛省防衛研究所が公表した『東アジア戦略概観　二〇二二』は、「現在の比率と中国の国防費の今後の伸びを考慮すれば、三分の一の水準を維持する防衛費の水準は一〇兆円規模になるという考えもあり得る」と記述する。中立的な立場にあるべき公的な研究機関が、様々な議論が起きているなか、防衛予算の増額を後押しするような記述は問題である。

軍拡の象徴事例が海上自衛隊の護衛艦「いずも」と「かが」の軽空母化だ。両艦には最新鋭戦闘機Ｆ35Ｂが搭載され、航空自衛隊Ｆ35Ａには、ノルウェーのコングスベルク社が開発した対艦・対地巡航ミサイルＪＳＭが搭載予定だ。射程が五〇〇キロに及ぶ敵基地攻撃能力を有するミサイルである。

それが配備されれば、憲法第九条との齟齬《そご》が決定的となり、自衛隊の基本戦略である「専守防衛」は死語となる。ついには、アメリカ＝矛《ほこ》、自衛隊＝盾《たて》の従来までの関係が逆転する。自衛隊が合法だとしても、それは「必要最小限度の防衛力」としてギリギリのところで許容されてきた。自衛隊軽空母にしてもJSMにしても、明らかに攻撃兵器として運用される。それは、まさに〝不必要最大限の攻撃力〟ではないか。

これらの配備は、中国の脅威を沖縄・南西諸島地域で防衛するためという触れ込み。中国の台湾武力統一に端を発する米中戦争に日本が参画を余儀なくされた場合、中国からの日本本土へのミサイル攻撃への対応と言うシナリオだ。

これに加えて、二〇二二年九月一日、浜田防衛相（当時）は基準排水量二万トン（全長二一〇m・幅四〇m）、一隻二五〇〇億円前後もする巨大イージス艦二隻の建艦計画を二〇二四年から開始すると記者会見で明らかにした。まさに大艦巨砲主義の再来だ。

日本の重厚長大な軍拡の一方で、中国側から日本及び在日米軍基地への攻撃の可能性は極めて乏しく、在り得るとすればアメリカの対中国包囲戦略の発動に中国側からの反撃から開始される戦争だ。逆に言えば、アメリカ及び日本が軍事発動しない限り、中国側から日本への先制攻撃は在り得ない、と言うことだ。〝第二次日中戦争〟が起これば、一二〇〇㎞に及ぶ沖縄・南西諸島が戦場化する。

むしろ、日米が共同して中国に攻撃を仕掛ける可能性の方が圧倒的に大きい。そのための演習事例として、二〇二二年一〇月から一一月にかけて実施されたキーン・ソード（鋭い剣）演習は、自衛隊約三万七〇〇〇人、アメリカ軍九〇〇〇人が参加する大軍事演習だった。さらに、これより先の二〇二一年九月一五日から二カ月間を要し、凡そ一〇万に及ぶ自衛隊員の動員訓練が実施された。これは、全国の陸自部隊が九州方面に集結訓練を行った。対中国攻勢作戦の展開を予測しての演習だった。

なぜ沖縄・南西諸島が戦場になるのか

現在、沖縄・南西諸島に配備されているＰＡＣ３ミサイルは地対空ミサイルだが、そこにアメリカが中距離ミサイルを持ち込み、アメリカ軍と自衛隊が共同して運用する可能性が大である。アメリカは現在ＩＮＦ条約（中距離核戦力全廃条約）を二〇一九年に破棄し、同条約により禁止されてきた中距離ミサイルの開発に着手し、実験に成功している。近いうちにアジア太平洋地域のアメリカ軍基地への配備が予定されている。仮想敵は中国とロシアである。

特にアメリカは中国の空母キラーと評されるＹＪ91（鷹撃91）やＤＦ21（東風21）対艦ミサイルなどに対抗するため、中距離ミサイルを沖縄をはじめ、在日米軍基地に配備の予定である。

二〇一八年五月にCSIC（米戦略国防研究所）の報告書は、「太平洋の盾―巨大なイージス駆逐艦としての日本」という表現で沖縄・南西諸島を中心に、日本列島を丸ごとアメリカ本土防衛の楯として位置付けている。日本列島までが、もうひとつの〝イージス艦〟とみなされているのだ。

アメリカの対中国包囲戦略の一環として策定された作戦計画はこうだ。小規模分散部隊を第一列島線上に配置し、敵ミサイルの射程内で戦う。配備拠点候補は一二箇所で、日本の対馬、馬毛島、奄美大島、沖縄本島、宮古島、石垣島、与那国島だ。また、二〇〇〇人規模の海兵沿岸部隊をハワイ、沖縄、グアムに展開し、対艦・対空ミサイルを装備する。

海兵隊は戦車を廃止し、強襲上陸作戦部隊から海空軍援護部隊に再編する。同時並行してアメリカ・レイセオン社製の射程九〇〇キロとされるLRASMや統合空対地スタンド・オフ・ミサイルJASSMの導入計画を促進するとする。日米共同作戦の骨子は、日本政府・防衛省・自衛隊の説明する離島防衛ではなく、縦深性が担保された攻撃のための戦列を構築する目的と言える。そこではミサイル攻撃の陣形に加え、沖縄米海兵隊と同一装備の日本版海兵隊である水陸機動団（二〇一九年に開隊）が連動して、敵地攻撃の後に敵制圧部隊として進攻作戦を担当する。

アメリカの対中国包囲戦略に追随する自衛隊は、もはや防衛型でなく、攻撃型の軍隊として位置付けられている現実がある。あらためて戦争の危機を呼び込む自衛隊軍拡への徹底批判と、国民の安全と平和を担保する国民のための安全保障政策の打ち出しが求められている。

何故かくも沖縄・南西諸島に重厚長大なミサイル陣地が設営されようとしているのか。その一つのヒントと成り得る証言を紹介しおきたい。それはアメリカの対中国包囲戦略の実効性を担保するために、米中戦争勃発の際に米軍に向けられたミサイルを日本本土上空で破壊する目的にあると喝破したピーター・ナヴァロ（大統領補佐官・国家通商会議議長）の発言である。

ナヴァロは、著作[*9]のなかで「中国のミサイル攻撃の第一撃（特に、第一列島線上の基地インフラに対するもの）を確実に吸収できるようにすること」のために南西諸島へのミサイル配置は必要だとする。さらに続けて、「およそ一〇〇〇キロにわたって伸びている琉球諸島には、アメリカやその同盟諸国の空軍及び海軍が使用することのできる港湾施設や飛行場が数多く存在する。琉球諸島の南西の島々にまで軍を分散して配置することができれば、中国にとってターゲットを絞り込むことは非常に困難になるだろう[*10]」と。

日本の南西諸島を含め、日本列島自体がアメリカの軍事基地及びアメリカの本土防衛のための盾として構想しているのである。かつて沖縄が日本本土防衛のための「捨て石」にさせられたように、今度は日本列島全体がアメリカ本土防衛の「捨て石」にされようとしている。アメリカの同盟国日本はアメリカにとっては、対中国包囲戦略の遂行にとって、格好の存在である。

こうしたアメリカの対日戦略は、現在は削除されているが、ハーバード大学のＨＰにアップされ、二〇〇八年四月一四日に公表されたジョセフ・ナイの「対日超党派報告書」（"Bipartisan report concerning Japan”）のなかの、「3．中国軍は必ず、日米軍の離発着、補給基地として沖縄等の軍事基地に対し直接攻撃を行ってくる。本土を中国軍に攻撃された日本人は逆上し日中戦争は激化する。4．米軍は戦争の進展と共に米軍本土から自衛隊への援助を最小限に減らし、戦争を自衛隊と中国軍の独自戦争に発展させていく作戦を米国は探る」と合致した内容である。

“第二日中戦争”を戦わせ、日本が中国の攻撃を浴びることを前提とし、そこにアメリカが仲介役を買って出ることで漁夫の利を得ようとする魂胆である。そうした一連のアメリカの軍事戦略に追随することが、本当に日本の安全保障に帰結するのか再考する時であろう。

4．反撃能力論と防衛費増額の危うさ

戦争を煽る公文書と日本の政治家たち

本章の最後の節として、あらためて「安保三文書」の危うさを強調しておきたい。それは文字通り、戦争を煽る公文書ではないか。

今回の「安保三文書」は、一口で言えば、日本はすでに「戦争をする国」になってしまったことを赤裸々に記した公文書である。「できる国」から「する国」への変転と言える。「できる」と

「する」は違う。「できる」は必要があればする、必要がなかったらしないと言ったものだ。「する」は能動的で、つまり、相手方が動かずとも、こちらから攻撃を仕掛けるという意味である。

この「できる」から「する」に対し、実は台湾も韓国ももちろん中国も朝鮮も警戒感、脅威感を露《あらわ》にしている。特に事実上の仮想敵国とさえ見なされた中国は、激しい反発の姿勢を見せた。自分たちは意図がないのに日本は、場合によっては反撃という名目で先制攻撃を仕掛けてくる可能性があると読んだのだ。そういった意味で、ロシアとウクライナの戦争が起きたときに、岸田政権は何と言ったか。東アジアの安全保障環境は変わったので、いつか日本がウクライナになるかもしれないと。日本をウクライナに比喩することは、ロシアとウクライナの関係性を観れば、無理な話であることは明らかだ。

そこまでの疑わしいまでの比喩を用いて、防衛力の強化・向上を訴える背景には一体何があるのか。中国の軍拡状況を踏まえて、それが日本への侵略に発展すると本気で考えているのだろうか。実際に日本の政治家や世論には、中国の軍拡＝日本への侵略とする受け止め方が多くなっている。中国の非侵略性を具体的に説明しても、リアリティに欠いていると一蹴されることも多い。そこから日本の安全保障政策、防衛政策が中国の軍拡への対応に終始する状態となっている。

軍事的な目線だけで中国を観れば確かに脅威であろう。核戦力を中核とする人民解放軍の軍事力は、客観的にみてもアメリカに次ぐ世界第二位の実力を有することは間違いない。ましてや、その中国が台湾との関係で台湾吸収を武力に訴えてでも実現する、との発言を行っていることは決して心穏やかでない。武力統一は数多の選択肢の一つに過ぎないが、日本では何故だかそれが全てだとの把握が非常に強い。つまり、台湾有事論で中台関係、いわゆる両岸問題の展開を括ってしまう。

実は台湾では中国との統一を志向する人たち、逆に台湾の完全独立を志向する人たちは、それぞれ多く見積もってもどちらも二割前後と言ったところだろう。大抵は現状維持派である。つまり、六割前後が現在の「台湾」が好ましいと捉えているのである。

そうした政治判断とは別に台湾では、既に中国との経済関係は極めて強く、また双方の人々にとっては同胞意識が非常に強い。そこに日本人が介在するのは簡単ではない。確かに政治の世界では台湾の国際社会からの孤立化は目立っているが、台湾人は政治的孤立よりも経済的孤立の不安が無ければ現状で良いと判断しているのである。それがまた現状維持派が六割前後を占める最大の理由であろう。

そうした台湾の国内事情とは別に麻生太郎自民党副総裁は、台湾での講演で「戦う覚悟」が必要だと演説した。台湾の世論や人々の立ち位置が何処にあるのかも充分に吟味しないで、「戦う覚悟」を求めたのである。そこから心ある台湾の人たちは、「台湾有事」や「戦う覚悟」など日本の政治家たちが、自国の防衛力強化・向上の理由付けにする出汁の如く発言するのに怒りさえ抱いていよう。麻生発言は、多くの台湾人にとって内政干渉に等しいのだ。

「安保三文書」の何処が問題か

岸田文雄政権は、二〇二二年一二月一六日、「国家安全保障戦略」、「国家防衛戦略」、「防衛力整備計画」（以下、一括して「安保三文書」と略す）を閣議決定・公表した。それは戦後日本の防衛政策の大転換とも指摘され、日米同盟を基軸とする日本の安全保障体制が盤石となるとの評価を得る一方、いよいよ「戦争のできる国」から「戦争をする国」への本格的に踏み込んだ極めて危険極まりない選択だと激しい批判を呼んでいる。これは先に繰り返した通りである。

少々過剰な物言いかもしれないが、これだけの防衛予算と事実上の敵国を明示するような公文書としての「安保三文書」を公表した岸田内閣は、岸田首相が意識するしないに拘らず、客観的には〝戦争促進内閣〟ではないか、と受け止めざるを得ない強面ぶりである。

この強面ぶりは、一体何を根拠にしているのか。このまま戦争へと軍事ブロックを強めていくことが、この国の安全を担保することになるのであろうか。いまこそ踏み止まって考えておくべき時ではないか。

日本国民の安全ではなく、国家の存続を最優先に思考する「安保三文書」は、防衛政策の転換という狭義の意味に留まらず、国家の在り様、民主主義や平和主義を基本理念とする日本国憲法にも悖《もと》るものであり、到底受容できない文書である。

以下、新「安保三文書」（以下、「安保三文書」）のうち、「国家安全保障戦略」（以下、安保戦略と略す）を中心に、そこに秘められた国家観や国際政治への認識を中心に批判することにしたい。その前提として、少し時系列に拘わり、問題を整理し、批判しておきたい。

「国家防衛戦略」（以下、防衛戦略と略す）と「防衛力整備計画」（以下、整備計画と略す）については、最低限必要と思われる点だけを述べるに留める。確かに反撃能力論と防衛費増額は、極めて重要な課題であり触れてはいくが、そうした政策が付き出される背景としての筆者の言う「国家改造」の一過程として、副題に示した課題があることを強調しておきたい。換言すれば、なぜいま反撃能力論と防衛費増額に象徴される事態が生起しているのかを問うことなくして、事実としての政策の危険性には肉迫できないと思うからである。

「安保三文書」を読んでいて「日本はアメリカというファインダー越しにしかアジアを見ていない」という発言を思い出した。同文書が言う「我が国」が思わず日本ではなく、アメリカの事だと思ってしまうのだ。この公文書が本当に日本の安全保障戦略として相応しいものか、という視点から同文書が抱える問題点を指摘しておきたい。

何よりも安保戦略には極めて歪んだ国際認識が露呈していることだ。一言で言えば、あるべき国際認識を意図的に外しているのか、アメリカという呪縛から全く解放されていないためなのか。

「国家安全保障戦略」は日本という主体が曖昧化されているばかりか、日本と日本国民に平和ではなく、戦争という暴力の危機を誘引しているような文書なのだ。それが究極的にはアメリカを守護するための構成となっていることを知ってか知らずかにである。

その一端を具体的に触れていこう。安保戦略の核心部分は、「Ⅳ　我が国を取り巻く安全保障環境と我が国の安全保障上の課題」の「２　インド太平洋地域における安全保障環境と課題」であろう。とりわけ、「⑵中国の安全保障上の動向」の項に注目されたい。

ここでは「現在の中国の対外的な姿勢や軍事動向等は、我が国と国際社会の深刻な、これまでにない最大の懸念事項であり（中略）、法の支配に基づく国際秩序を強化する上で、これまでにない最大の戦略的挑戦」と明記する。中国の動向を「懸念事項」と用語自体は抑制的な表現を用いながらも、「これまでにない最大の戦略的挑戦」と断言する。これは事実上中国を最大の仮想敵国と認定したに等しい表現である。

「安全保障環境の変化」とは何か

安倍元首相以来、日本政府は一貫して「アジアの安全保障環境の変化」を防衛費増額、日米同盟強化、自衛隊の装備拡充の理由としてきた。その指標として中国の軍拡や海洋進出、台湾武力統一構想などを台湾有事の用語で喧伝する。これをどう評価すればいいのか。

「安保三文書」には、人権問題や異常気象問題など人類共通の普遍的な課題、価値観の相違などへの中国の対応ぶりが、いわゆる西側との間に埋めがたい乖離があり、共存不能との前提から対抗から対立に向かわざるを得ないとする極めて安直な認識に陥っていく様が目立つ。その認識を所与の前提としてアメリカ主導の対中国包囲戦略に日本が便乗することを明示しているのである。

客観的なデータを観れば明らかだが、現在の世界で一頭地を抜く軍事力を保有するのはアメリカだ。一方、経済力では中国が一頭地を抜いている現実がある。少し客観的な数字に触れておこう。例えば、GNP（国際通貨基金）の最新の「世界経済見通し（二〇二二年一〇月版）」で明らかなことは、米中経済格差が顕在化していることだ。

すなわち、その国家の実質的な経済力を判定可能とされる購買力平価ベース（Purchasing power parity）でGNP（国民総生産）のランキングでは第一位中国の二七兆二九六〇億ドル、第二位アメリカの二二兆九九六〇億ドル、第三位インドの一〇兆一九三五億ドル、第四位日本の五兆六〇六五億ドル、第五位ドイツの四兆八八三億ドル、第六位ロシアで四兆四九四二億ドルとなっている。さらに言えば、第七位にインドネシア、第八位にブラジルが着けており、第九位のイギリス、第一〇位のフランスの上にある。つまり、中国とアメリカとの経済格差は既に五兆億ドル（日本円で約五五〇兆円）、換言すれば日本のGNPとほぼ同額の開きが生まれている。

序列について言えば、インドの位置は微妙である。確かにアメリカ、日本、オーストラリアで構成されるQUADの一員であるが、インドは武器移転の領域でロシアとの関係が深く、国境問題で中国と不穏な関係がありながら経済的な関係は深化している。学術や技術の分野ではアメリカとの関係も強力だが、立ち位置自体は自立を標榜する国家だ。その意味で言えば、中国との関係の濃淡はあるものの、中国、インド、ロシア、インドネシア、ブラジルを、経済を基軸とするグループとして一括りすると、GNPの合計が日本円に換算して五〇〇〇兆円規模となり、アメリカ、日本、ドイツ、イギリス、フランスの合計の約四〇〇〇兆円規模と比較してもその差異は歴然としている。

中国脅威論の虚構性

ここで私が強調したいのは、中国は「一帯一路」という経済覇権を着実に推進している経済超大国として、その地位を確保していることだ。国際経済にとって極めて重要な国家であることをドイツもフランスも認めている。例えば、ドイツは習近平国家主席の三選が決定すると、ショルツ首相率いる財界人の多数が北京入りし経済の連携強化を図っている。ドイツにとっては、中国は敵対国家でも、仮想敵国でもなく、先ずは経済との紐帯関係を取り結ぶことを優先している国である。

そのドイツとて中国の人権状況や軍拡などを容認している訳ではない。主張すべきことは正面から言いきりつつ、経済関係を膨らますことが安全保障の確保にとってもベターだと判断している。注文も付けるが、折り合えないからと言って経済や政治の関係の保持と連携の重要性を確認しているのである。

翻って日本の場合は、敵対的相互互恵関係との用語はあるが、それは経済的には連携し、政治的には敵対するという。しかし、経済がどれほど紐帯関係を強めても、政治領域における共存のスタンスが鮮明に打ち出されなければ、その経済関係も危うくなる。「安保三文書」は、そのリスクを敢えて侵しかねない内容となっている。

なぜにこのような歪んだスタンスを安保文書で示すことになったかと言えば、日本は日米同盟の呪縛のなかで中国との経済関係を希薄化しようとしているからだ。中国に経済戦争を仕掛けた二〇二二年五月に成立した「経済安全保障推進法」（経済施策を一体的に講ずることによる安全保障の確保の推進に関する法律）などは、中国との経済戦争にすら乗り出さんばかりの施策だ。果たして、それが日本の安全保障にとって最善の選択なのか再考すべきだ。

恐らく中国の経済力は、現時点ではコロナ禍やロシアのウクライナ侵略による世界経済の冷え込みで足踏み状態が暫く続くとしても、中国の高度な科学技術や産学協同路線の充実ぶりなどから、さらなる経済規模の拡大が見込まれる。加えて九六〇〇万人に達する中国共産党員が主導する政治体制は極めて安定し強固である。新自由主義を標榜する対抗勢力を駆逐し、「共同富裕」

のスローガンの下で汚職追放に大方成功した習近平国家主席への支持は極めて固い。ゼロコロナ政策が遂に破綻し、国内の反発を買って、直ちにウイズコロナ政策へと転換を図った判断の柔軟性をも見せた。そうした中国には戦争に訴える理由も意図も存在しない。

そもそも本当に中国は日本にとって脅威なのかは、繰り返し検討を要する問題だ。そのことは本書の随所でも述べてきたが、中国の軍事力が拡大の一途を辿っているとは言え、果たして総体としてアメリカ軍を凌駕するものなのか。その内実は、とてもアメリカ軍の相手にならないものだ。確かに台湾周辺での軍事力は、中国人民解放軍が優勢とされるが、それは限定的かつ一時的であり、短期決戦が至上命題となる。航空優勢を得たとしても地上軍を台湾海峡を渡って送り出すだけの輸送力もない。当然、海上では格好の攻撃目標とされる。

軍装備の充実ぶりは顕著だが、その象徴事例とされる「遼寧」、「山東」、「福建」の三隻の航空母艦保有についても、眉唾物と言って良い代物だ。「遼寧」はウクライナから購入したスクラップ同然であった航空母艦を大改造したもの、二番艦の「山東」は「遼寧」と同様スキージャンプ型の滑走路を持つ時代遅れの航空母艦、最新の「福建」は電磁カタパルトこそ保有しているが三隻とも通常の動力源だ。アメリカは一〇隻の一〇万トン級の原子力空母を保有している。

中国の最新の報告で軍事費は日本円で約三三兆円、アメリカは凡そ一二〇兆円を超す。中国がアメリカの軍事力を凌駕するためにはまだ二、三〇年を要すると言われるが、そのためには現在の一〇倍、二〇〇兆円近い軍事費が必要だ。中国にはそこまで軍事費に投資する経済力もなければ、また、その意図もないであろう。

中国はこれからの国際社会で主導権を発揮するには、軍事力ではなく経済力であることを知っているからだ。逆に言うと、その中国を包囲し、覇権を掌握しようとすれば勢い軍事力に依存するしかないことになる。アメリカは世界に七〇〇カ所以上の軍事基地や軍事施設を保有し、日本や韓国などの軍事同盟国を持ち、数多のアメリカ兵を各国各地域に展開している。

これに対して、中国は独立国内に軍事基地も軍事施設も保有せず、日米同盟に匹敵するような軍事同盟国を持っていない。こうした客観的事実から、中国が軍事力によって、今回の同文書に記された国際秩序の変更を武力に訴えて強行することは物理的に不可能であり、何のメリットも存在しない。

従って、同文書にある「中国が力による一方的な現状変更の試みを拡大している」（同文書、一三頁）との認識の根拠は極めて薄いことになる。現状変更と言うことで言えば、中国に圧力や恫喝をかけ、中国にとって死活の海洋ルートを封鎖するが如きの姿勢や演習の繰り返しにより、既存秩序の変更を強いているのはアメリカではないか、との反論も成立する。

中国は、そのアメリカの現状変更に対して、文書の用語を逆に引用すれば「冷静かつ毅然として対応している」に過ぎないと言えるのではないか。こうした議論は、だが所詮は水掛け論に終始する。重要なことは、相互に脅威の過大な見積や過剰な反応から脱し、徹底した和解に向けて歩み寄る姿勢である。

既存の山積する課題や懸案に直ちに和解が成立する訳でもない。だが共存する必要は相互に認められるはずだ。当分は「和解なき共存」のスタンスを採るべきであり、日本にとって例え百歩譲って脅威だと認識しても、だから軍事的な対応に終始するのは失うものが多すぎるのではないか。強面な姿勢からは、和解と平和構築の方途を紡ぎ出す知恵は生み出されないのだから。

「戦う覚悟」より「信頼する勇気」を

先程麻生太郎自民党副総裁の「戦う覚悟」発言を取りあげたが、台湾の武力統一路線を放棄していないのは、台湾にこれ以上に「独立派」が増えるのを牽制するためであって、軍事的手段の行使が中国の安定した経済や政治システムの崩壊に結果することは容易に想像可能である。

中国の軍拡や海洋進出、そして人民解放軍が採用するA2D戦略はあくまで攻勢的防禦戦略の一環として構想され、実践されているものと言える。意外かも知れないが、中国は石油や小麦など戦略・食料資源の大輸入国である。そのためには搬入海洋ルートは保守しないと兵糧攻めに遭ったら極めて厳しい状況に立ち至る。それゆえ海洋進出による海洋ルートの確保は、まさに死活問題となっている。つまり、経済と民生安定のための海洋進出であり、制海権及び制空権確保には、非常に神経質になっている現実がある。

その点で、二〇二三年一一月七日、北京において中国の習近平国家主席とオーストラリアのアンソニー・アルバニー首相とが、貿易関係の修復を目指すための会談を行ったことは特筆に値する。中国としては、小麦など食料資源の確保は、文字通り死活問題であり、その点で長らく中豪関係が冷え込んでいたのは大きな痛手であったのだ。勿論、オーストラリアとしても全面的な中豪関係の緊密化とまでは行かなかったものの、中国との接近と友好が同国にとっても安全保障だと踏んだのであろう。

少しばかり皮肉を言えば、麻生太郎副総裁にも、「戦う覚悟」を説くよりも、「信頼する勇気」を訴えるほうが、本当の意味での安全保障政策に帰結していくのではないか。

日本の安全保障政策は、全てが中国脅威論を前提にしていると言っても過言ではない。しかし、大切な事なので繰り返すが、軍事能力が大きくとも、戦争の意図がなければ、脅威は零に等しい。脅威とは軍事能力×戦争意図であるから、軍事能力が一〇としても戦争意図が〇であれば、一〇×〇＝〇となる。非常に簡単な数式だ。それにも拘らず、日本政府が公文書で中国を事実上の仮想敵国とみなすのは、非合理的な判断と言える。

アメリカという外圧によって独立国日本が没主体的な対応に終始しているのは、極めて残念なことだ。脅威と算定する前に、現状の日中経済の紐帯関係を深め、敵対的相互互恵主義ではなく、友好的相互互恵主義のあるべき姿に立ち戻ることこそ、日本にとっては最大の安全保障政策ではないだろうか。

諄《くど》いようだが、こうした中国国内事情や中国の経済軍事戦略の読み解きのなかで、中国が戦争を欲しない軍事大国となっていることを知っておくべきであろう。そうした点を敢えて見ようともせず、いたずらに中国脅威論を説くことでアメリカと一蓮托生の道を選択することが、日本の安全保障にとって、また日本の国益にとってベターなのか再考すべきであろう。

多重化する国際社会

大国による国際秩序違反が双方で繰り返し強行されてきた歴史過程を踏まえて、大国の覇権主義総体をどう批判的に捉えていくかという視点に立たない限り、相互対立の終息は期待できない。同時に日本はその対立の一方に組みすることで、国際秩序違反事例を無批判的に受け入れているという現実を認めなければならない。どうしたら覇権主義を終わらせ、大国の支配の呪縛から解放されるかを真剣に問うべきであろうし、それが「平和国家」日本の最大の国際貢献となるであろう。

ロシアのウクライナ侵略に関連して注意すべきは、今回のロシアの蛮行に国際社会は当然ながら批判の声を挙げてはいるが、だからと言って全世界がロシア批判一辺倒でないことだ。そこにはロシアの行動は十分に批判に値し、ウクライナの兵士や国民に甚大な犠牲を強いている現実を直視しつつ、だからと言ってウクライナが善玉でロシアが悪玉だと割り切っている訳ではないことだ。誤解を恐れずに言えば、今回の戦争はロシアとアメリカとの戦争だとする認識が広まっていることだ。

一例を挙げよう。『日本経済新聞』の「WE THINK 考え伝える。より自由で豊かな世界のために」と題する電車内で見つけた張り紙広告で、ロシアのウクライナ侵攻に関するアンケート結果を見るとロシアへの姿勢として、「非難三六%、同調三二%、中立三二%」と示し、「分断は、想像以上に進んでいる」と纏めの一文を付している。この数字の出典は明記されていないが、日経新聞の独自の調査結果なのであろう。何処まで正確かは別にして、恐らくこの数字は実態に近いと思われる。

日本のメディアだけで注視していると一〇〇%近くがロシア批判で固まっているとの感があるが、必ずしもそうとは言えない。ロシアのウクライナ侵攻を国連憲章違反としてロシア以外の全ての国連加盟国が了解していると思いきや、二〇二二年四月三日に開催された国連総会緊急特別会合のロシア批判決議は賛成が一四一カ国、反対が五カ国（ロシア・ベラルーシ・シリア・朝鮮・エリトリア）、棄権が三五カ国（中国・インド・アルジェリアなど）だった。賛成国が反対・棄権国の三・五倍であり、圧倒的な賛成票であったことは間違いない。それでも反対・棄権が四〇カ国に達したことをどう考えるかである。

とりわけ棄権国に世界一の経済大国中国と近未来の大国インドとアルジェリアが入っていることも含めて考えると、この対立は世界が真っ二つに割れているとは言い過ぎだが、国数の問題以上に経済力全体や人口実態などの要素を加味して言えば、世界はアメリカのブロックと中国・ロシアのブロックに分立していると言っても良い。

こうした実態に触れるのは、だからロシアにも同調すべきだと言うのではない。その侵略の実態はロシアが如何なる抗弁を弄しようとも批判を逃れることは出来ない。ただ、ここで強調したいのは世界が分断・分立する傾向を深めている中で、日本の立ち位置を何処に置くのかを総合的な戦略性を担保したうえで発想すべきだと言いたいのである。

国際社会は実は二つ三つに分立していいのではない。実にこれまでに経験したことのないような多重に分立した状態にあるのだ。インド出身の政治学者アミタフ・アチャリアは『アメリカ世界秩序の終焉　マルチプレックス世界のはじまり』（ミネルヴァ書房、二〇二二年刊）で、アメリカ主導のリベラルな国際秩序が終焉を迎え、マルチプレックス（multplex：多重化）の時代が始まっていると主張する。私もこのアチャリアのマルチプレックス論に同意する。米中対立だけではなく、実は中ロ間にも、NATO諸国間にも、またロシアを中心にアルメニア、ベラルーシ、カザフスタン、キルギス、タジキスタンから編成される集団安全保障条約機構（CISTO）のなかにも対立が重層的・多重的に生起している。

対立の原因は、アメリカの国力の相対的な低下、中国の大国化、インドやインドネシアなど第三極の台頭、南米やアフリカ諸国における左翼的ナショナリズムの勃興、国際社会の貧困化や右傾化など数多の原因が挙げられる。

こうした国際社会の変動こそ、日本の安全保障環境を左右するものであって、中国・ロシア・朝鮮の脅威だけを安全保障環境の変化の原因として捉えるのは、視野狭窄の誹りは免れないことを繰り返し強調したいのである。その意味でこの度の「国家安全保障戦略」には、非常な狭さを痛感する。冒頭の言葉をもう一度記す。アメリカの肩越しにしか世界を見ていないからだ。

アメリカの焦燥と中国の自信

アメリカの焦燥は年々高まっている。「アメリカンファースト」を打ち出して大統領となり、国内の分裂をも恐れず、新孤立主義政策に偏在したトランプ前政権から、副大統領時代から子息などを通して形成したウクライナ人脈を使って、現在のロシアのウクライナ侵攻を誘引した現バイデン政権。その閣僚の一人として徹底したロシア潰しを進言した国務次官（政治担当）のヴィクトリア・ヌーランド女史は、名うてのネオ・コンサーバティストとして知られた人物である。複合的な理由があるとしても、ロシアとウクライナの戦争はアメリカとロシアとの代理戦争である。

エマニエル・トッドは「アメリカはウクライナを軍事支援し、ウクライナを破壊している」と喝破したが同感である。序《つい》でに言えば、私は「アメリカはウクライナを軍事支援し、ロシアを破壊している」と言いたい。この戦争でアメリカの軍需産業界は、またとない「ウクライナ特需」を享受することになった。軍拡の利益構造に群がるアメリカの軍需産業界がウクライナ軍事支援に注力し、これにヌーランド国務次官らが協同して動いている。

しかし、ウクライナ軍事支援については、アメリカ国内では「ウクライナ疲れ」の用語で厭戦《えんせん》的な気運が高まっている。それはアメリカの国力消耗を誘引しかねないことへの危惧と、そもそもロシアを解体にまで追い詰めるような強引な軍事支援の在り方への批判が国際社会のなかで潜行していることだ。表向きウクライナ支援を標榜する諸国家のなかにも、即時停戦や段階的停戦の議論が様々なルートで検討されている。ただ徹底抗戦を叫ぶウクライナのゼレンスキー政権を説得する手法の紡ぎ出しでてこずっているのが現実だ。

第二次世界大戦後、軍事と経済を車の両輪の如くして世界をリードしてきた超大国アメリカの地位に大転換が訪れている。アメリカとしては、何としても中国の経済力を削ぎたい。しかし、インドと並び一四億人余りの人口大国である中国やインドは、その潜在的な将来性を加味すればアメリカはドンドン切り離されていくばかりだ。まさに「帝国アメリカ」の後退から衰退という危機的状況が近づいている。

勿論、アメリカの底力は半端でないとしても、過去と現在とを通してアメリカの行いを観ている世界は、漫然とアメリカを支持している訳ではない。実は、人口別で言えば、親アメリカ的な国家や地域は、せいぜい一〇億人前後とされ、反アメリカとまで言わずとも、アメリカに無条件に追随しない国家と地域の人口は六〇億人近くに達するとされている。

朝鮮の脅威についても同様である。朝鮮を脅威の対象とみなすのは、朝鮮が弾道ミサイル発射実験を頻繁に実施しており、これがいつか日本本土に着弾するのではないか、との恐怖心からであろう。

「一方的軍縮論」の提唱

それで私の結論としては、同文書にある「同盟国である米国や同志国等と共に、我が国及びその周辺における有事、一方的な現状変更の試み等の発生を抑止する」（同文書一〇頁）のではなく、アメリカであれ中国であれ、同盟関係の締結によって日本の主体的かつ自立的な立場を放棄することなく、平和憲法の理念の実践・遂行に全力を挙げることである。ましてや中国や朝鮮を脅威国と算定し、事実上の仮想敵国として設定することは、敢えてする脅威論のなかに国民を放り込むことで、逆に安全保障上の危険な環境に身を置くことを意味する。

現代の国際政治は、分立や分断が錯綜する不安定な状態にある。それゆえに、どの国や地域が自らの国に敵対的になるか、簡単には見通せない状況が続く。そうしたなかで不必要なまでに身構え、重い鎧を着こんで行動の自由を自主規制することほど危険なことはなく、それは展望のない世界を構想することになる。

同盟関係を創らず、武備をも持たない意味で「非武装・非同盟」の路線を日本が主体的に採用することによって、先ずは東アジア地域を非武装地帯化することである。ここで、自衛隊の「一方的軍縮」を提唱する。

それは対立する国家との交渉を通して軍縮を実現するのではなく、一国の自立的主体的な選択として、文字通り一方的に軍縮を宣言し、実行することである。これは既成の軍縮論とは程遠く、実現性に乏しい軍縮論かも知れない。しかし、交渉によって相手の動きを観ながらの軍縮は実効性・実現性に乏しく、時間の浪費ともなり得る。

そうではなく、軍縮宣言と実行過程を相手に観察させることで信用を獲得し、その反映として他国の軍縮を誘引するのである。こうしたある種の理想的軍縮論が実現するためには、先ず優先すべきはNATOやQUADなどの多国間軍事ブロックを段階的であれ解消すること、そして日米安保条約のような二国間軍事同盟を協議を重ね、段階的に解消するプログラムを設定することである。

そのためにも軍縮の阻害要因となる抑止力論の呪縛から解放されることである。実効性が希薄で、不確実である抑止力論は相互の不信と警戒を深めるだけである。その抑止力論を放棄する過程で提唱されるのが、「一方的軍縮論」である。日本憲法は信頼醸成による平和の創造が謳われており、この「一方的軍縮論」は、日本国憲法の理念にも合致する。

そのためにも日本の外交防衛政策や安全保障政策は、いわゆる国防論から脱却して国民の生命・財産・人権・自由、そして自然環境や生態系保護などの守護を目的とする、いわゆる人間の安全保障論へと舵を切る必要があろう。

戦争が跋扈する国際社会と軍事化する日本にあって、益々困難となりつつある、この課題に正面から向き合うことが、いま最も求められている。

（二〇二三年五月一三日　高知市での講演録に加筆修正）

第三章　安全保障政策はどうあるべきか

1. 非武装中立・非同盟政策の提唱——平和実現の最終方途として——

誰のための安全保障政策か

「安保三文書」が公表され、中国・朝鮮の脅威を口実とし、これに備えるとの大合唱のなかで、いよいよ日本は平和国家の内実を放棄し、「戦争をする国」へと大きく舵を切ろうとしている。誰のため、何のための安全保障政策かを熟議しないまま、米中対立の煽りをも受ける格好で日本は自立した外交防衛策をかなぐり捨て、アメリカの対中包囲戦略に追従しようとしている。

中国・朝鮮から遠く離れたアメリカ本土防衛のために、日本列島全体が「捨て石」にされようとしているのだ。二〇二三年五月一九〜二一日のG7広島サミットでロシア・ウクライナ戦争の一方の当事者であるゼレンスキー大統領を招聘し、侵略者プーチン大統領を侵略国ロシアを国際社会から放逐するが如き内容の共同宣言の発出となった。平和都市広島が、「戦争都市広島」に変貌させられたのである。私たちが求めるべきは、平和の地広島で徹底した非戦の方途を紡ぎ出し、ロシアや中国と敵対するブロックの形成ではなく、ロシアの侵略戦争を止め、平和のブロックを構築することではなかったのか。核抑止への依存、軍事ブロックの形成、敵対国の排除と分離のメッセージは、益々平和を遠ざけるものでしかない。できればプーチン大統領も習近平国家主席も広島に招聘する構想はなかったのか。そうした構想が浮上しなかった背景には、日本に非武装中立を基本とした安全保障論の蓄積が乏しかったからだ。

以下、そうした課題をも踏まえつつ、最初に「安保三文書」の危険性を指摘し、次に「安全保障」の意味を問いつつ、軍事的安全保障政策に代わる非武装中立政策の提言をあらためて論じてみたい。

対米従属文書の極み

先ず「安保三文書」の危険な内容につき、四点だけに絞って整理しておきたい。そこに書き込まれていたのはいったい何だったのか。「安保三文書」自体については、前章と若干重なる部分もあるが、別の視点からより具体的に問題点を指摘しておきたい。

第一に偏在した国際軍事・政治の認識であり、同文書が対米従属文書の極みであることだ。全体像を鳥瞰《ちょうかん》した「国家安全保障戦略」の「Ⅳ　我が国を取り巻く安全保障環境と我が国の安全保障上の課題」における「2　インド太平洋地域における安全保障環境と課題」の「(2)中国の安全保障上の動向」の項には、「現在の中国の対外的な姿勢や軍事動向等は、我が国と国際社会の深刻な、これまでにない最大の懸念事項であり……、法の支配に基づく国際秩序を強化する上で、これまでにない最大の戦略的挑戦」と明記されている。これは事実上中国を最大の仮想敵国と認定しものだ。

この日本の「安保戦略」を大きく規定したのが、二〇二二年一〇月一二日に公表されたアメリカの「国家安全保障戦略（NATIONAL SECURITY STRATEGY）」（以下、「新米戦略」と略す）である。英文で四八頁に及ぶ長文である。同文書は軍事領域に限定されず、経済・教育・技術・自然・食料など広範囲の領域が対象となっている。国力の総体が「新米戦略」の課題としている。そのなかで注目されるのは、アメリカの軍事力が前例にないほどに世界で圧倒的な優位性を確保しており、国益保護のためには躊躇なく、その力を行使するとしていることである。

そこでは多様な条件を留保しながらも、対中国・ロシアがアメリカの国益を侵す恐れのある時は戦争発動に訴える覚悟と用意のあることを示している。そして日本に関わる記述は全体としては非常に少ないが、「インド太平洋同盟」を履行するために、「日本、韓国、フィリピン、タイとの鉄壁の関係を再確認する。同時に同盟を継続していく」との強いメッセージが記述されている。

これを軍事領域に絞って言えば、多国間軍事同盟の徹底化によるアメリカの軍事的優位性のさらなる継続化である。そして、日米関係を「鉄壁の関係」（iron-clad commitments）と位置付ける。日米同盟強化に留まらず、軍事・経済・政治など多領域にわたっても一切の隙間を生じさせないことが目標とされる。日本の「安保戦略」は、以上で示した「新米戦略」の日本バージョンに過ぎない、と言っても過言ではない。事実上の中国敵視論と軍事ブロックへの参入の宣言である。

中国は確かに、人権問題や気候変動問題など人類共通の普遍的な課題、価値観の相違などへの対応ぶりが、いわゆる西側との間に埋め難い乖離を生んでいる。共存不能との前提から対抗から対立に向かわざるを得ないのか。

中国は軍事的脅威か

しかし、今こそ虚構の脅威論を越えて中国と正対すべきではないか。過剰で情緒的な脅威論を振りかざすのではなく、客観的かつ多様な目線で中国の現状を把握する努力が必要である。世界の超軍事大国アメリカは、国防費約一二〇兆円余、世界に八〇〇カ所近い軍事基地・施設を展開し、日本・韓国などと軍事同盟を締結、クアッド（日米豪印戦略対話、ＱＵＡＤ）やオーカス（ＡＵＫＵＳ）など、多国軍準軍事同盟を締結し、多国間軍事同盟による軍事力による国際秩序の形成を実行している。あらゆる国際事象を軍事力によって解決可能とするが、経済力の停滞・衰退で恒久的持続性には陰りを見せている。

その一方で、中国はアメリカを凌駕する超経済大国となり、「一帯一路」など経済力による国際秩序の形成を志向する。個別事象では疑似軍事的対応を採用するものの、経済的安定を最優先とする国家体質であり、軍事力を前面に押し出して国際秩序を先導する戦略は採らない。従って、中国を脅威対象国とすることには数多の疑問が残る。例えば、Ａ２ＡＤ戦略（接近阻止・領域拒否戦略）は中国の「守勢戦略」と把握すべきではないか。

中国と如何に向き合うか

二〇二二年一一月五日、ドイツのシュルツ首相が習近平国家主席と、二〇二三年一月四日にはフィリピンのマルコス大統領が同じく習主席との首脳会談を行った。独比両国は、会談で中国の人権に懸念を表明しつつ、非軍事領域での関係強化を図っている。ドイツはＧ７の一国であり、フィリピンは所謂グローバルサウスの一国と言って良い。立場が異なるとは言え、中国との関係は積極的に保持しており、先のＧ７での共同宣言とは裏腹に、決して対中・対ロ圧力政策で完全一致している訳ではない。確かに二〇二三年一〇月二二日、南沙諸島の海域で両国の船舶が衝突し、一時対立が起きたが大勢に変化はないであろう。

そうした各国独自の取り組みが重層的に採られている現状のなかで、「安保戦略」にある「同盟国である米国や同志国等と共に、我が国及びその周辺における有事、一方的な現状変更の試み等の発生を抑止する」（一〇頁）のではなく、アメリカであれ中国であれ、同盟関係の締結によって日本の主体的かつ自立的な立場を放棄することなく、平和憲法の理念の実践・遂行に全力を挙げることが必要ではないか。中国や朝鮮を脅威国と算定し、事実上の仮想敵国として設定することは、敢えて脅威論のなかに国民を放り込むことで、逆に安全保障上の危険な環境に身を置くことを意味する。

ここでは虚構の脅威論の振り撒きに注意を喚起しておきたい。戦前、清国を「眠れる獅子」、ロシアを「北方の巨熊」と称して脅威を煽り、軍事大国化の理由づけにし、その結果、軍部の台頭を許し、侵略戦争へと国民を駆り出した。ソ連に対しては、「一九三六年危機説」[*1]を振り撒き、反ソ感情を醸成した。戦後は、共産主義国家中国への脅威論（「赤い中国」）から日中国交正常化以後は、ソ連に対する戦前のトラウマ、北方領土問題などを口実に脅威論が吹き荒れた。

さらには朝鮮（拉致事件・核兵器保有・ミサイル発射実験等）から中国（軍拡、海洋進出等）まで脅威の対象国が広がった。日本は常に脅威対象国を仮想敵国として、国民思想の統一を図り、動員・管理・統制の原理を国民統制の手段としてきた。そのなかで十分な民主主義も平和主義の発展も抑えられてきたともいえる。それと同じ道をまた繰り返している。

国家総動員体制が起動する

第二に、「安保戦略」の全体を通底して窺えるのは、それが国家総動員体制の構築を念頭に据えているのではないか、という怖さである。「安保戦略」では多様な方法による安全保障の確保と言いながら、最終的には「国家安全保障の最終的な担保である防衛力の抜本的な強化」（一七頁）を謳っていることに示されるように、軍事的安全保障論を採用していることだ。

加えて第Ⅵ章の⑷「我が国を全方位でシームレスに守るための取り組みの強化」は、軍事と非軍事、有事と平時の境目が曖昧になっている現状からして、言うならば〝平時の軍事化・軍事の平時化〟が射程に据えられている。これは明らかに体制としての国家総動員体制、政治システムとしての国家総力戦の概念に通底する。

平時から防衛力を強化する方法として軍事面に留まらず、政治・経済・教育・技術など国家や国民の総力を挙げて防衛力を強化するという。これは戦前で言う国家総動員法体制の採用と同義である。戦争に備え、抑止力強化の名によって軍隊だけでなく、軍隊を支える国民の意識や思想をも一元的に統括される政治システムの構築が意図されている。その行きつくところは軍事国家であり、朝鮮の先軍政策と同質となる。そうした国家の構造や体質は、戦争を体験するごとに強化されていった戦前日本国家と同じ道を歩むが如くの状況である。

「帝国国防方針」の再来

第三に「安保三文書」自体の戦前の「国防三文書」との同質性である。当該期日本は一九〇二年に日英同盟を締結し、イギリスからの軍事支援を受けてロシアとの戦争に突入した。歴史上では「戦勝国」となった日本だが、ロシアの脅威は継続されるとの判断から、対ロシア再戦を口実に猛烈な軍拡の時代に入っていく。その過程で一九〇七年に国防の基本戦略を示した軍事機密文書として「国防三文書」(「帝国国防方針」、「国防に関する兵力」、「帝国軍の用兵綱領」)が策定された。丁度、現在の「安保三文書」に相当する。戦前最後の改訂となった一九三六年六月八日に作成された「帝国国防方針」の冒頭部分は以下の通りである。

一　帝国国防ノ本義ハ建国以来ノ皇謨《こうぼ》〔天皇が国家を統治すること〕ニ基キ常ニ大義ヲ本《もと》トシ倍々《ますます》国威ヲ顕彰シ国利民福ノ増進ヲ保障スルニ在リ

二　帝国国防ノ方針ハ帝国国防ノ本義ニ基キ名実共ニ東亜ノ安定勢力タルヘキ国力殊《こと》ニ武備ヲ整ヘ且《かつ》外交之レニ適《かな》ヒ以《もっ》テ国家ノ発展ヲ確保シ一朝有事ニ際シテハ機先ヲ制シテ速《すみやか》ニ戦

争ノ目的ヲ達成スルニ在リ（後略）

天皇制国家日本の基本外交軍事方針として国力は、すなわち軍事力であり、これを国家発展の原動力として位置付けること。そして有事となれば、先制攻撃を辞さないで戦争目的を実現するとした。この翌年の一九三七年七月七日、中国との全面戦争（盧溝橋事件）に突入したことを私たちは知っている。最初から中国とは外交交渉の選択を狭め、機会があれば軍事侵攻を最大限に追及する姿勢が同文書によって明らかにされている。

「国防三文書」と「安保三文書」との類似性は明らかだ。明白なことは「国防三文書」によって軍事国家日本が自己規定されていったように、「安保三文書」が新軍事国家日本の創出を意図したものとする判断は、そう外れたものではないことだ。軍事国家に適合する公文書を日本は改めて手元に据え置くことになったと言える。まさに平和国家の創造を目指してきた戦後日本の歩みを大きく変節させるものであることは確かであろう。

「帝国国防方針」は国家目標と国家戦略、また導かれる国防目的と国防方針、仮想敵国と情勢判断、所要軍備などについて記され、「国家安全保障戦略」に該当する。「国防に関する兵力」は、所要兵力、即ち軍事政策の具体的な目標としての師団数、軍艦数などの数値目標が定められている。現在の「国家防衛戦略」に該当する。「帝国軍の用兵綱領」は、日本の軍事ドクトリンと仮想敵国に対する個々の作戦計画大綱が記されている。現在の「防衛力整備計画」に該当する。

現代の「大本営」創設を明記

第四に統合司令部設置が明示されたこと――米軍との連携と三自衛隊の一元的作戦立案指揮機関が明記されたことである。すなわち、自衛隊組織のなかに統合司令部と名乗る、言うならば〝戦後版大本営〟が設置されることだ。戦争国家日本の創出と表裏一体の関係にある。「国家防衛戦略」の第Ⅴ章「将来の自衛隊の在り方」の第2項「自衛隊の体制整備の考え方」に明記された「統合運用の実行性を強化するため、既存組織の見直しにより、陸海空自衛隊の一元的な指揮を行い得る常設の統合司令部を創設する。また、統合運用に資する装備体系の検討を進める」（二三頁）の件である。ここに驚くべき自衛隊組織の改組が予定されている。

三自衛隊を統一的に指揮運用する統合司令部（統合司令官）が設置されるのだ。戦前日本軍組織に準《なぞら》えて言えば、参謀本部及び参謀総長の復活とも言える。参謀本部は陸軍組織の作戦指導及び立案が任務だった。アジア太平洋戦争時には陸海軍を跨《また》ぐ組織として大本営が組織されたが、事実上、統合司令部は戦時を想定した場合には大本営的な組織となる。

現在、自衛隊には三自衛隊を跨ぐ統合幕僚長が存在するが、恐らくその役割を総理大臣・防衛大臣との連絡役に特化し、米軍との連携を徹底するために統合司令部機能を確保し、統合司令官がアメリカの野戦指揮官と一体となって作戦指導を果たす任務を担おうとする役割分担が明確化されることになったといえる。

それは統合司令部が軍事に専念し、統合幕僚監部が政治との調整を図る意味で戦前の事例に従えば、その長官である統合司令官が陸軍の参謀総長と海軍の軍令部総長、統合幕僚長が陸軍大臣と海軍大臣を合わせた役割を担う。戦前においては、こうして軍事と政治が分立し、参謀本部と軍令部とがその関与を排除し、逆に武力を背景に政治に介入することになった。そして、軍事的政治集団として「軍部」を形成し、戦争へと誘導していった歴史を想起せざるを得ない

ところで現在の陸上自衛隊には、五個方面隊が存在する。方面隊司令部は各々独立した立場に置かれていたが、現在は五個方面隊を一括統制する総隊司令部が設置されている。さらに三自衛隊の統合作戦指揮権を保持する統合司令部を設置することで、アメリカとの共同作戦の円滑化と、作戦指揮と立案の権限を統合司令部の下に集中させるのが目的である。恐らく総隊司令部も統合司令部に吸収されることになろう。

自衛隊組織改編の前例として、二〇一五年二月二二日の防衛省設置法改正があった。改正されたのは同法第一二条だが、旧法は文官である防衛大臣を補佐する背広組（文官）と制服組（武官）との役割において文官優位性を明確にした法律であった。しかし、改正によって文官と武官の位置関係を平等化したのである。事実上の文官優位性の解除である。

日本の文民統制[*2]は、事実上は「文官統制」と言われてきたが、それ以来、制服のトップである統合幕僚長と、防衛行政のトップである防衛大臣の権限を対等としたのである。私はそれを文民統制システムの解体として批判してきた。まさに自衛隊は戦争を可能とする組織に変貌しつつある。その内実については引き続き注視する必要があろう。

なぜ、非武装・中立論なのか

日本の安全保障は、日米安保体制・防衛力整備・外交努力の三本柱で構成されてきたと歴代の政権は説明してきた。日本の国家・国民の安全のために安定化が不可欠であり、それを担保するものが「抑止力」とするメタファー(比喩)で物語化されてきた。安全と危機を自在に使い分けて、希求するものと排除するものとの解り易い言語を通して世論を繋ぎ止め、結果として自衛隊強化への反発を回避し、そのことによってアメリカの防衛強化要請に応えてきたのである。現在もその流れは一貫し、かつ最大化されている。その証左としての防衛費増額や反撃能力保有となって政策化されようとしている。

換言すれば、武装によって「安全・安定」を確保できるとの確信(正確には疑似確信)を前提に、「武装による」を軍事用語としての対処力ではなく「抑止力」の名で説明し、世論の同調を促す手法である。それゆえに、このメタファーの虚構性を剥ぐと同時に、「武装によらない」、つまり抑止力に頼らない安全の確保の具体的方針を提起するのが、私たちの安全保障論となる。

その解答が「非武装」による安全確保の方針提起であり、国際政治における軍事力を根底に据えた同盟ではなく、全方位友好関係の樹立を目途とする中立政策である。これこそが「非武装中立」論の基本原理となる。武装力では、寧《むし》ろ私たちが遭遇している、人権、環境、経済、疫病、犯罪、抑圧、貧困、差別などには対処できないことは明らかである。ならば、政府が指摘する中国の軍拡や海洋進出、朝鮮のミサイル発射実験への対応は如何にするのか。それこそ軍事力ではなく、外交力を発揮する問題であり、それ以外の方法はない。

実は中国や朝鮮のそれも、軍事問題ではなく外交問題なのである。二〇二三年三月五日に開催された中国の全人代では中国の国防予算が凡そ三二兆円余りに膨らんだ。恐らくこれまた中国軍拡の証拠とばかり、自衛隊拡充正当化の口実に頻繁に使われることだろう。

しかし、中国の軍拡理由は二つ。一つは石油や小麦など工業・食料資源の輸入ルートとしての海洋の確保、もう一つは対中国包囲戦略を採るアメリカへの対応、中国国内の軍需産業の利益確保、中国共産党の強固な物理的基盤の確保拡充などの理由であって、〝第二次日中戦争〟を予期してのことではないと断言できよう。朝鮮の軍拡も対米交渉の道具としての軍事強国路線に奔走しているからであって、日本攻撃の意図も能力も不在である。

日本は韓国を含め、中国と朝鮮とも数多の歴史問題を抱えており、歴史和解が急がれるべきだが、それは外交交渉というソフトパワーの発揮でしか解決不可能であることは論を待たない。

非武装中立・非同盟の原理

軍事力の強化が安全を担保すると思考するのは、単なるドグマ（独断、教条）であることを確認すべきであろう。強大な軍事力を保有した国家は、帝国日本の中国侵略、戦後アメリカのベトナム侵略、パナマ・グレナダへの侵攻、イラク侵攻、旧ソ連のアフガン侵攻、中国のベトナム侵攻（中越紛争）、そして、ロシアのウクライナ侵略など、強大な軍事力保有は侵略や侵攻の手段として用いられる。

同盟も既述の如く、戦争を呼び込む条約である。軍事ブロックが一国の外交的自立性を棄損し、没主体的に戦争加担を強いられる歴史に絡めて、新安保法制成立以後の日本の危険な現状を指摘するのは容易である。日本が自動参戦状態に置かれていること自体、危機事態の対処を不可能にさせる。同盟は軍事至上主義を前提とした軍事ブロックであり、いわゆる「安全」を「軍事」によって担保しようとする軍事大国に共通する安全保障の手法である。

反対に非武装中立論は、同盟の危険性と抑止力の虚構性を剥ぐことによって成立する。「最も純粋な安全保障は人間の自由である」（エドワード・コロジュ）との定義もあるように、本来あるべき安全保障政策とは、人間の自由獲得の唯一無二の手法であり、日本国憲法の思想と精神に合致する論理である。

かつて石橋正嗣は『非武装中立論』（社会新書、一九八〇年刊）を著したが、それを再読すると一九八〇年代の安全保障論でありながら、今日の世界の安全保障問題を解析するうえで、重要な示唆を与える内容であり続けている。すなわち、冷戦期はソ連封じ込め（一九八〇年代）の時代だが、新冷戦期は中国封じ込め（二〇二〇年代）との相似性を認めざるを得ない。ソ連が中国に代わっただけで、問題の設定自体は不変であり、一九八〇年代的状況が、さらに強化されて現在的状況となっている、と言っても過言ではない。

石橋本が強調した「非武装中立」の提唱は、今日一層重要度を増している。冷戦期も新冷戦期も日本の安全保障は、他でもなく〝アメリカの安全保障〟であった点で同一・同質なのである。今日進められている沖縄・南西諸島の軍事基地化計画が意味するものは、かつて沖縄が本土防衛のための捨て石とされたように、現在はアメリカ本土防衛のために、日本列島をも含めて捨て石にされようとしているのである。つまり、防衛費増額も四〇〇発のトマホーク保有も、所詮はアメリカ本土防衛の武備でしかない。日本が戦場となる危険性を背負い、日本国民の犠牲を想定したアメリカの対中包囲戦略の要として、日本が位置付けられている実態を確認しておきたい。

そこで「経済の安定と国民生活の安定向上を図る以外に生きる道のない日本は、いかなる理由があろうと、戦争に訴えることは不可能だと言うことです」（石橋書、六五頁）との言葉の重さを確認したい。この石橋の言葉は、「国民の生活向上こそが最大の安全保障」(バニー・サンダース)との発言に繋がる。さらに石橋は続ける。「われわれは現実と妥協し、既成事実につじつまをあわせることによって平和憲法という貴重な財産を放棄することを拒否しようというものです。あくまでも、これ(憲法の示す道)を追求しようというのであります」(同書、七九頁)。そこから読み取るべきは、アメリカの介入を不可避とする軍事的安全保障政策からの離脱である。そのための選択として、非武装・非同盟政策の実現しかないであろう。

最後にもう一度石橋の発言を引用しよう。石橋は、「恐怖の均衡か平和友好の拡大か」(同書、一一九頁)が問われていると言う。既に四〇年余前の石橋の発言が、いま私たちに突き付けられているのである。同盟は相手国に脅威を与えるが、中立は脅威の存在とはならない、という確信を持ちつつ、この政策実現を目指すことこそ、市民の安全保障政策の柱とすべきではないか。

軍事優先の安全保障の危険性と非現実性を学び通し、徹底した軍縮の提唱と実施のなかで、非武装中立・非同盟政策の実現こそが、現在において益々重要な政治選択であり、政策実現の時代状況にある。立憲民主党の如く、「日米安保堅持」は、結局、軍事優先の軍事的安全保障に堕していくことは明らかだ。それと一線を画した絶対非戦の立場からする非武装中立・非同盟政策を堂々と主張していくことが、益々求められているのである。

(二〇二三年五月一四日、尼崎での講演を中心に文章化したもの)

2. 抑止力と同盟の限界を問う――国会での参考人陳述に絡めて――

「安保三文書」批判から抑止力論批判まで

二〇二三年六月一日の午後開催された参議院の財政金融委員会における「防衛費財源確保法案」の審議に当たり、参考人として陳述及び質疑応答の機会を与えられた。そこでは、あらためて「安保三文書」の危険性を指摘しつつ、特に強調したのは、この間、防衛費増額の口実として使われてきた、いわゆる「抑止力」論の虚構性を問うことであった。国会での審議のなかで、抑止力論の誤りや危うさが、どれだけ議論されてきたのだろうか。防衛政策を論じていく場合、防衛力強化の根拠とされる抑止力論が伝家の宝刀の如く大いに〝効果〟を発揮してきたことに大いに疑問を持つ。「防衛費財源確保法案」における「防衛力強化資金」（第四章）の根拠もまた、この抑止力の強化・向上が意図されている。

この抑止力論の呪縛から解放されることなくして、本来あるべき安全保障論の展開は不可能と考えている。

陳述では、先ず「安保三文書」批判から始めた。冒頭の陳述はわずか一五分ということで同文書の問題点を五点だけ指摘することにした。その五点とは、第一に中国敵視論が赤裸々に記されていることは、日中関係のこれからを考えた場合に疑問とせざる得ないこと、第二に軍事ブロックへの参入を打ち出したことは、日本の外交力に柔軟性を失わせ、硬直しかつ強面の外交しか展開できなくなること、第三に人材・財源・物資などが防衛力強化のために一元的に統制・管理されることを明示していること、第四に安保三文書が戦前の「帝国国防方針」など、いわゆる「国防三文書」と同質のものであること、「国防三文書」がアメリカやソ連を仮想敵国として明示したように、安保三文書もロシア及びアメリカに代わって中国を事実上の仮想敵国と認定していること、第五に戦前の大本営を想起させる統合司令部の設置が記載されていること、それは間違いなく日米共同軍事体制の一翼を担う組織であり、言わば戦争指導部となることである。

以上、安保三文書批判を踏まえたうえで、次に抑止力論への批判に移った。

一九七六年に公表された最初の「防衛大綱」に、「核の脅威に対しては、米国の核抑止力に依存するものとする」として、抑止力の用語が初めて登場した。それ以来、抑止力の構築が防衛政策の目的、あるいは防衛力増強や日米安保の理由付けとして使われることになる。抑止力は、相手側に日本を侵略する意図を放棄させること、とするのが一般的かつ古典的な定義とされた。抑止力には、相手を懲らしめる、つまり攻撃するための懲罰的抑止力と、侵略を阻止するための拒否的抑止力とに分ける考えがあるものの、一方では、グレン・スナイダーのように、「懲罰抑止力と拒否的抑止力の区分は厳密でも絶対的なものではない」との指摘[*3]もある。

私も懲罰的であれ、拒否的であれ抑止力とは、武力行使を前提とする限り、区別されるべきものではないと理解している。抑止力を構成する防衛力（対処力）にしても攻撃力にしても、武力行使を前提として把握されており、抑止力強化とは、武力により威嚇する力の強化を意味する。相手側も同様に、抑止力を前提に威嚇効果をあげようとする。これでは際限なく武力強化を図らざるを得なくなる。軍拡の連鎖が恒常化するのである。

「安保三文書」により、事実上敵視の対象とされた中国の軍事戦略も共通している。中国も日本と同様に抑止力の考えを保持しているからである。例えば、中国の二〇一九年度『国防白書』には、「战略威慑」の用語が出てくる。「战略威慑」は「戦略的抑止」と訳す。ここで言う「威《ウェイ》慑《シェ》」とは日本語で「威圧」の訳が妥当だ。一般的な意味で守勢的戦略というより、攻勢的戦略のニュアンスが強い。

つまりは、中国も抑止力の名で国家目標の達成のためには武力行使を辞さない、とするスタンスを保持しているということだ。

そうなると中国は、日本が抑止力強化の名目で軍備拡大を進めれば、一段と脅威感情を抱き、抑止力強化を目的に一層の軍拡に向かうはずだ。こうなると日中両国関係の緊張は、一段とハイレベルなものにならざるを得ない。日本も中国も抑止力によって戦争を回避することが困難となる。歯止めなき軍拡と戦争への可能性が高まる一方となるのだ。

こうした事態を回避するためには、直ちに抑止力神話から脱却し、軍事力に依存しない両国関係の正常化を図る必要がある。それで先ずは危険な抑止力神話を基調とする「安保三文書」を破棄し、相手に脅威感情を与えない外交政策の展開を急ぐべきだ。

抑止力論は国連憲章違反である

もう少し別の観点から抑止論の問題点を二つだけ指摘しておきたい。
先ず一つ目には、国連憲章の第二条四項には武力による威嚇を禁じていること、そして日本国憲法も同様に武力による威嚇行為を「戦争放棄」や「戦力不保持」の項で示している。つまり、抑止力論は国連憲章にも日本憲法にも抵触することだ。

国連憲章の第二条四項には「すべての加盟国は、その国際関係において、武力による威嚇又は武力の行使を、いかなる国の領土保全又は政治的独立に対するものも、また、国際連合の目的と両立しない他のいかなる方法によるものも慎まなければならない」とある。

つまり、国連憲章にも、日本国憲法にも侵略行為だけでなく、武力による威嚇行為も禁じているのである。ロシアのウクライナ侵略は、間違いなく国連憲章違反であり、国際社会から厳しく批判されて当然である。同時に威嚇行為も否定されていることを忘れてはならない。抑止力による事実上の威嚇行為も否定されるべきだ。ただ、抑止力や対処力を、どの程度の威嚇と受け取るかは、相手方の認識の問題となる。明確に言えることは、日本の武力や反撃能力による抑止力と言う名の威嚇行為に、相手側がどれだけ脅威感情を抱いているか、往々にして私たちは無頓着である。

中国の軍拡に日本政府及び日本国民の多くが脅威感情を抱いているのと同様に、中国政府及び中国国民も日本への脅威感情を募らせているはずだ。このところ中国のメディアにおける「安保三文書」や防衛費増額の動きへの、過剰とも思える報道ぶりに、そのことが遺憾なく示されている。

相互抑止が働いて、戦争に至らないから問題ないではないか、と受け止められるかもしれない。だが、常に戦争や紛争の火種になりかねない相互抑止は、軍拡を正当化する。実際、米中間では猛烈な軍拡競争が始まっており、日中間でも同様の事態が進行中だ。こうした緊張を続けることで国民の不安感や危機感が、徒《いたずら》に増幅されていくことは好ましいことではない。まさに「安全保障のジレンマ」*4に陥っている訳である。

そうした事態を一段と増長するのが、今回の「安保三文書」に示された、新たな段階に入った日本の防衛政策であり、それを資金面で担保しようとするのが、「防衛費財源確保法案」（二〇二三年六月一六日に可決成立）である。この点から同法案は、「戦争発動財源法」あるいは「威嚇行為財源法」と言っても決して過言ではない。

抑止力論がロシアのウクライナ侵略を誘引した

二つ目に、そもそも果たして抑止力が本当に戦争抑止に繋がっているのか、という問題である。その答えは、ロシアによるウクライナ侵略を観れば明らかだ。すなわち、アメリカを筆頭とする凡そ三〇カ国に達するＮＡＴＯ諸国は、対ロシア抑止力として強大な軍事力を蓄積・配置しており、圧倒的な抑止力が存在していたはずだ。だが、その抑止力で侵略を防げなかった歴然たる事実を、如何に理解すべきだろうか。ここで確認すべきは、抑止力で戦争を防ぐことは不可能だと言うことである。

抑止力とは、果てしなき軍拡を招くものであり、相互に緊張関係を深めるだけのものだ。ロシアとウクライナの戦争の原因は、ロシアの覇権主義や大ロシア主義など数多想定されるが、抑止力強化の名による軍事力の強化や、同盟など軍事ブロック自体が、戦争の主要な原因となることを知るべきである。諸国による東方拡大という名の抑止力による威嚇、あるいは恫喝への反作用が、この侵略戦争の一つの原因だとすれば、この戦争を素材にして抑止力論の危うさを、今一度再考する必要があろう。

重厚長大な軍事力を保持したとしても、戦争は防止できないことだ。むしろ逆に戦争の原因を生み出してしまう。そのような国家間関係の対立・軋轢・課題などの解決策を平時から正面に据えて見出すことが、戦争防止と平和構築の要諦である。

それと抑止力とは相手側にすれば軍事力そのものだ。そこには最初から「軍事には軍事を」という軍事力中心主義が幅を利かすことになる。まさに先ほど触れた「安全保障のジレンマ」と言われる軍拡競争が始まってしまう。その過程で軍事主義が蔓延していくことになる。それゆえ、抑止力神話から脱却し、軍拡の連鎖を断ち切る勇気と自覚が求められていよう。それは与野党を違わず、政治の大きな責任だ。そうした点から、依然として抑止力神話の呪縛から解放されない「安保三文書」は、極めて危険な文書と言わざるを得ず、安全保障と言いながら、国民の生命・財産・健康を危険に陥れるものと考える。

そして指摘しておきたいことは、「安保三文書」が抑止力論の限界が露呈した段階で、日本自衛隊が戦争の遂行に従事すること、同時に継戦能力の向上が謳われていることだ。「安保三文書」は抑止力を全面に押し出しながら、その一方で抑止が破綻した場合のことも明記している。つまり、抑止力の限界性を承知しているのだ。

ならば限界性を踏まえて、戦争回避のために平時における抑止論の再検証、軍事同盟の放棄、中国・ロシア・朝鮮への敵視政策の見直しなどに全力を傾注すべきではないか。限界性が露呈するまで膨大な防衛費を投入することの無駄と危険を回避するためにも、防衛政策の転換を強く求めたい。

反撃能力は抑止力とはならない

抑止力の無効性について、国会での参考人として陳述した私は、政府・防衛省が明示する中国の軍拡の問題について自説を展開した。その前提として、日米安保が侵略の防止に貢献したという世論の多くが受け入れる見解について、侵略の意図や計画を保持した国家は少なくとも日本周辺には不在であることを前提としつつ、仮に侵略の意図があったとしても、その意図を放棄させたのは日米同盟ではなく日本国憲法の第九条であることを強調した。その上で中国の軍拡への見解について、同じく参考人として出席された元防衛事務次官の黒江哲郎氏と真逆の見解を披露することになった。

幾ら強大な抑止力を蓄積しても侵略は止められない、止められなかったという歴然たる事実をどう理解するのか、が問われている。日米安保があったればこそ、例えば中国や朝鮮の侵略を受けなかった、との言説が有力である。果たしてそうだろうか。

すでに触れたように、中国も強大な軍事力を保持して、言うところの抑止力を高め、防衛体制を固めつつも、その一方で経済力を中心とする覇権主義を貫徹しようとしている。中国も抑止力に依存している、と捉えられる。日本も安保三文書に示されたように、抑止力に依存しようとしている。つまり、日中間で相互抑止が働いて中国の軍拡、日本の防衛力増強という名の軍拡が同時進行しているのである。両国とも軍拡のスパイラル、負の連鎖にはまり込んでしまっている。そのことをどう捉え返すのか、ということだ。

私は黒江氏が『毎日新聞』（二〇二三年一月一三日付）に掲載された。「日本が仮に反撃能力を持たないと宣言しても彼らは軍拡をやめないだろう」のコメントを引用し、次のように陳述した。ここでの「彼ら」とは、中国のことだ。先ず私は、「その通りだと思います。黒江氏のコメントの内容は、まさに合理的かつ論理的です。そこから導き出すべき解答は、反撃能力を保有することではなくて、抑止力に頼らない防衛力の構築、あるいは安全保障政策の構築というものが求められているというふうに私は思います。確かに黒江氏の御指摘の通り、反撃能力保有を放棄しても中国の軍拡を阻止できないかもしれませんが、肝心なことは反撃能力の保有が、中国の軍拡に一段と拍車をかけてしまうことです。それゆえ、反撃能力保有は、日中同時軍拡を誘引することになるのです。中国にこれ以上軍拡の口実を与えてはなりません。反撃能力の放棄を決断し、日中同時軍拡のレベルダウンに資するべきです」（二〇二三年六月一日午後開催の参議院財政金融委員会速記録より）と陳述した。

加えて、相互抑止関係の清算の方途を紡ぎ出すために、一方的軍縮とか同時軍縮とかの新たな軍縮論を検討すること、反撃能力の保有ではなく、交渉促進の実行であることを強調した。黒江氏との間には平行線を辿ることになった。抑止力の強化・向上が反撃能力保有の口実とされてきたが、それが結局は軍拡に直結するがゆえに、保有の放棄が求められていることを強調しておいた。

「安定と不安定」のパラドックス

陳述の折にもう一つ強調したのは、核抑止力論についてであった。二〇二三年五月一九日開催の広島サミットにおける「広島サミット宣言」に絡め、核抑止論力の評価をめぐる議論が活発となっている。そこでの問題は、核抑止力の均衡が維持され、核戦争の可能性がないとの前提で、現状変更を企画する側が、通常兵器による戦争に踏み切る現実があることだ。

今回、ロシアが核抑止の均衡が維持されているとの判断で、通常兵器による侵略戦争に踏み切った、と捉えることができる。核抑止による均衡＝「安定」が、「不安定」、つまり、通常兵器による戦争を生み出してしまうことを指摘したい。こうした事態をグレン・スナイダーは「安定と不安定のパラドックス」と呼んだ。「安定」が「不安定」を呼び込むと言う。[*5] こうした考えは、これまで余り議論されてこなかったが、「安定」と「不安定」が裏表の関係にあることを示している。[*6]

核抑止力にしても、通常兵器による抑止力においても、常に戦争を用意してしまう。ここでも抑止論の危険さがある。核戦争に発展しなければ戦争が起きても仕方ないと考えるのは、まったくの間違いである。ここで理解すべきは核抑止論によって、核戦争が直ちに生起せずとも、通常兵器による戦争が多発している現実を直視しなければならないことだ。この文脈のなかで、ロシアのウクライナ侵略の一つの原因を理解しておく必要があろう。

広島サミットにおける事実上の核抑止是認論は、様々な反論を呼んだが、核抑止による均衡が、通常兵器による戦争を呼び込むのだという理解が必要である。核抑止力で核戦争を防止できたとしても、逆に通常兵器による戦争への敷居を低くしていることが問題である。そのことは、ロシアのウクライナ侵略戦争によって、一層明白となったはずだ。

抑止の手段としての核兵器であれ通常兵器であれ、押さえておくべきは、抑止論に依存した安全保障政策の限界性と危険性である。そのことへの気付き失くして、本当の平和的安全保障の獲得は困難ということだ。つまり、抑止論は平時において軍備拡大を準備し、また同時に核抑止論は、通常兵器による戦争を引き起こす。抑止論から脱却しなければ、抑止論そのものが軍拡と戦争の決定的な原因となってしまう。それゆえに抑止力論に依拠して貴重な財源を防衛費に充当しようと言うのは誤りだ。

恐らく日米軍事同盟もNATOやAUKUS、QUADなど軍事ブロックは、こうした抑止を前提として成立している。これらの軍事ブロックがむしろ戦争を準備し、戦争を誘発する素因となっていることを強調しておきたい。

（二〇二三年六月一日、参議院財政金融委員会での参考人陳述での陳述書を文章化したもの）

3. 敵基地攻撃論の真相——専守防衛論から先制攻撃論へ——

「先制攻撃」戦略を採用する自衛隊

いまロシアのウクライナ侵略に託《かこつ》けて、自衛隊の国軍化を図る動きが勢いを増している。ロシアとウクライナとの二国間戦争は、いまや欧米NATO諸国対ロシア及びその支援諸国との複数国家群を巻き込んだ準世界大戦化する様相さえ見せている。確かに正規軍を戦場に投入していることが、現時点で明らかになっているのは、ロシア軍とウクライナ軍のみだが、軍事支援国はアメリカを筆頭にドイツ、イギリス、フランスなど有力国が事実上、〝参戦〟しているに等しい。そのことが戦争の長期化・泥沼化を招いている理由である。

また、二〇二二年三月二日、国連総会の第一一回緊急特別会合（コード＝A／RES／ES‐11／1）では、ロシア批判決議には一四一カ国が賛成、反対が五カ国（ロシア、ベラルーシュ、朝鮮、シリア、エリトリア）、棄権が三五カ国（中国、インド、アルジェリア等）の結果であった。投票に参加した一八一カ国中、二割強に当たる四〇カ国が棄権又は反対の投票行動を行った事実は決して無視はできない。

世界で一体何が起き始めているのかを問いつつ、こうした事態を奇禍として日本政府及び政権与党周辺では、自衛隊の装備や役割の強化に拍車をかけようとしている。いま、求められているのは徒《いたずら》に戦争状況に左右されることなく、世界の動向を睨みながら、いまだからこそ平和憲法が示す平和外交の展開と、脱軍事への方向性のなかで国民の生活と暮らしを護る術を発揮することではないか。

以下、小論はこうした問題意識を踏まえつつ、自衛隊を巡る危うい動きを指摘しておきたい。特に敵基地攻撃能力問題を「先制攻撃」論として考えてみたい。同時にロシアのウクライナ侵略を前に、これとは対称的に「攻撃されたらどうするか」を巡り、「抗戦選択」の是非をめぐる議論も起き始めている現状に注目しておきたい。

専守防衛論を逸脱する敵基地攻撃論

敵基地攻撃能力を自衛隊が保有することの是非については、一九六〇年代に入ってからは自衛隊・防衛庁（現在、防衛省）内で検討が開始されていた。防衛計画を検討するなかで防衛政策の一環として俎上に挙げられていた。それが政治問題化するまでに至った経緯は、朝鮮の相次ぐミサイル発射実験であった。とりわけ朝鮮におけるミサイル技術の向上により補足破壊が困難化すると想定されるに伴い、地上破壊が純軍事的には合理的だとの判断が強まってきた経緯がある。

ただ敵基地攻撃能力とは、単に基地破壊能力を持つミサイルというハード面の装備に留まらない。攻撃ミサイルの空中発射を行う運搬手段としての高性能の戦闘爆撃機、その爆撃機が敵基地に近接可能な能力の保有、敵基地をアウトレンジから確実に破壊可能な精密誘導ミサイル、敵基地の所在及び周辺の防空体制を事前にチェック可能な情報収集能力などが統合運用されて初めて成立する。それゆえ自衛隊の正面装備においてF35ライトニングに代表されるステルス機の導入、長距離射程を有する巡行ミサイルや極超音速滑空弾の導入配備がその構成要件とされている。

自衛隊が現在進めている最新の装備体系には、全体として実は敵基地攻撃能力を充分に可能な兵器類が揃いつつある。その意味で今日問題化している敵基地攻撃能力保有の是非のなかで、単体としてのミサイル保有の是非論を論ずるだけは片手落ちとなる。つまり、現在自衛隊の装備体系も訓練体系も、やや強引な纏めをすれば、全体として敵基地攻撃態勢を整備しつつあるとの受け止め方が正確であろう。

だがこれはあくまで将来における作戦構想であって、現状は自衛隊が敵地攻撃能力であれ、反撃能力であれ、その実力を備えている訳ではない。ハード面でもソフト面でもこれからである。巡航ミサイルを装備するデリバリーとしてのF35ライトニングA及びBの導入は決定したが、ミサイル本体の保有はこれからである。それが導入されて以後も重度の訓練が不可欠である。実戦のなかで使用するとなれば、アメリカ軍との濃密な連携が不可欠であり、短期間に習得できるものではない。

敵基地攻撃論の場合、注意しておくべき点は以下の三点である。

第一に発射の兆候を探知して相手の発射基地を叩くという戦法だから、本質は先制攻撃だ。「反撃能力」と言い換えても何ら本質は変わらない。繰り返すが、議論を進めていくうえで果たして国民の合意を獲得できるだろうかという点である。

第二に、そもそもこの敵基地攻撃論は、朝鮮のミサイルへの対処能力向上を目的とした設置計画が、一時検討されたイージスアショアミサイルの代替案として、再浮上してきた経緯があった。近年では海洋進出の顕著な中国に矛先が向けられていることである。それはアメリカの対中国包囲戦略が導入されたものだ。この論議を進めるほどに中国との緊張関係を一層増幅する結果は、十分に予測されることである。

加えて現在自衛隊が整備を急ぐ沖縄・南西諸島地域へのミサイル陣地基地の構築の問題と重ね合わせると、中国にとっては自衛隊の新たな展開は脅威となり、新たな軋轢を増幅させる結果となることである。

第三に内閣法制局も敵基地攻撃論は日本憲法が許容するところではない、と事実上認知していることである。「敵基地攻撃」能力の保有とは、明らかに相手国の指揮・統制機能の中枢を攻撃する戦争遂行能力である。事実、二〇二二年四月二一日の自民党の「安全保障調査会」では、「自衛反撃能力」とか「ミサイル反撃力」や「領域外防衛」などの名称案が提起された。最終的には、反撃能力となったが、本質は明らかに専守防衛論や平和憲法を大きく逸脱した考えであることは隠しようがない。

そこで忘れてならないのは、国連憲章では「予防的自衛論」も禁止していることだ。ロシアがＮＡＴＯ諸国の東方拡大への脅威を口実に予防戦争として、「特別軍事作戦」を実施したとするのは、国連憲章違反になる。同様に岸田政権が口にする敵基地攻撃論であれ反撃能力論であれ、国連憲章違反と言えよう。

同調査会では、さらに敵基地のなかに「指揮統制機能等」が攻撃の対象として掲げられた。日本の例で言えば、市カ谷の防衛省内部に建設された分厚い鉛で覆われた中央戦闘指揮所や首相官邸などがターゲットにされることを意味する。アメリカではホワイトハウス、ロシアであればクレムリン等となる。そこに含意されているのは、指揮統制機能が高度なほどターゲットとしては有効と考えるのが純軍事的な選択である。勿論、そのような具体的な場所が公表されることはない。政府や政権与党が、ほとんど戦闘モードに入ってしまったかのようである。

従来の政府答弁を大きく逸脱

政府はこれまで「平生から他国を攻撃するような、攻撃的な脅威を与えるような兵器を持っていることは、憲法の趣旨とするところではない」（一九五九年三月一九日、衆院内閣委、伊能繁次郎防衛庁長官）としてきた。したがって反撃能力保有宣言は、従来の公式見解をも全面否定するものだ。また、現在敵基地攻撃論の急先鋒の一人であった故安倍晋三元首相ですら、二〇一五年七月三日の衆議院安保法制特別委員会の席上で、「外国に出かけていって空爆を行う……あるいは撃破するために地上軍を送って殲滅戦を行うことは（自衛のための）必要最小限度を超えることは明確であり、（憲法で）一般に禁止されている海外派兵に当たる」とまで言い切っていたのである。

この間に一体何があったのだろうか。一つ言えることは、この間にアメリカの対中国包囲戦略を進める日米同盟の具体化の一環として、日本が「専守防衛」論から脱して、本格的な「先制攻撃」論へと大きく舵を切ったことである。そのことは集団的自衛権行使容認や新安保法制の制定と並ぶか、それ以上の日本の安全保障政策の大転換を予期させるものである。

ならば「先制攻撃」論を簡単にシュミレーションするとどうなるか。万が一、中国の台湾武力統一に乗り出し、米中の軍事衝突が派生した場合、日本列島が米軍の最前線となり、沖縄及び南西諸島の軍事基地やミサイル基地が中国向けの攻撃拠点となる。当然に中国側も反撃準備に入り、その段階で日本自衛隊は先制攻撃論に従い、制空・制海作戦の発動の一環として相手基地及び指揮統制機能機関をターゲットとしてミサイルを撃ち込むことになる。

米軍を含め、恐らく短期間に相手方の攻撃力を殲滅することは不可能なので、相手方のミサイル等が次々と日本列島に着弾する。この場合、日本の先制攻撃の対象地域はアメリカ軍から提供される軍事情報に従い行動することになろう。丁度、現在ウクライナ軍のロシア軍への攻撃がアメリカから提供されるロシア軍の所在を確認したうえで効率的に起動しているようにである。要するに日本の敵基地攻撃も米軍の指揮の下で実行される可能性が高い。

従って「先制攻撃」論のもう一つの問題は、日本自衛隊が集団的自衛権行使容認と新安保法制により外征型軍隊としての性格を特段保持することになったこととの関連である。

抑止力から対処力への比重転換

先制攻撃論は日本防衛の将来的構想と手段として提案され、実行されようとしている。先制攻撃に適合する種々のミサイルを装備し、対中国（対ロシア）への先制攻撃（反撃能力）の体制を進めることで、より具体的な対処力を整備しておこうとする、あらたな「防衛戦略」が案出されようとしている。

ほとんど準戦時体制に入ったかのモードが、ロシアのウクライナ侵略戦争によって焚き上げられている。それに便乗するかのような振る舞いのなかで、日本の安全保障政策は、益々古典的な意味における軍事色を濃くしようとしている。今日ほど抑止力向上のスローガンのなかで、実態としての対処力強化が堂々と推し進められようとしている時はない。

果たしてそれが希求すべき日本の安全保障政策であろうか。ロシアのウクライナ侵略という現実を前に極めて冷静さを欠いた格好で議論が進められていること自体に非常な危うさを感じる。一部野党をも含めて軍事色に染め上げられようとする流れのなかで、あらためて日本の安全保障を以下の点において再検討すべきではないか。

日本が戦争に加担することなく国民の安全保障を全うするためには、**第一**に東アジアに位置する日本の近隣諸国との関係の根本的見直しである。中国と韓国・朝鮮とは、先ずは歴史和解を実現し、相互信頼を構築する方途をシステム化することだ。常に対話の機会を頻発化・定例化すること、そのなかでは自衛隊と人民解放軍や韓国国防軍との交流の深化なども不可欠であろう。

これに加えて暫くの時間の経過は必要としても、同じ隣国ロシアとの関係修復も射程に据えておくべきであろう。ロシアのウクライナ侵攻を受けて、二〇二二年四月二〇日、ガルーチン・ロシア駐日大使がロシア本国からの帰国命令を受けて離任し、さらに他にロシア大使館内で情報関係の職務に就いていたとされる八名のエージェントが国外追放となった。

そうした状況のなかでもロシア大使館は、日本の対ロシア感情の最悪化に対応して日本の民間組織との交流に驚くほど積極的である。ロシアの侵略責任の徹底追及は当然だが、同時に対話の窓口まで完全に締め切ってしまうのはリスクが大き過ぎる。日米同盟強化論一辺倒で未来の平和を獲得するのは、困難となるばかりではないか。

第二に、今回の戦争を機会に、日本国憲法の前文及び第九条が示す信頼構築の使命を自覚することだ。戦争準備に奔走するのではなく、平和実現の方途を具体的に紡ぎだす機会とすべきだろう。軍拡の連鎖を断ち切るために、侵略される可能性を徹底して押し下げるために、日米軍事同盟に過剰に依存せず、同時に徹底した多国間関係を保持継続できる柔軟な外交戦略を樹立することである。たとえ価値観や政治手法・システムが異なるからといって排除・制約するのではなく、相互信頼のための恒久的な多国間平和協定の締結を通して、平和外交の展開を逞しくしていくことだ。

日本は既にアジアにおいても大国ではなくなっている。国内総生産（ＧＤＰ）は中国の五分一程度となり、年間国民所得水準では韓国を下回っている。つまり、日本は確かに優れた生産力は保持していたとしても、決してかつてのような経済大国とは言えず、国内では貧困率が上昇するばかりである。少子高齢化の著しい社会構成全体のなかでは、限られた資源を国民一人一人の生活安定のために投入するべきであって、防衛費の増額による国民生活の窮状を深刻化させることは間違っている。中級国家日本となったとしても、そこに暮らす人たちが平和のなかで心豊かに暮らせる国家社会を目ざすことが、広義の意味での安全保障政策の基本となるべきである。それを私たちは軍事的安全保障論に代わる「いのちの安全保障」と呼びたい。

（二〇二三年九月二三日、米子講演の講演録を基に文章化したもの）

4．日本安全保障問題を論じる

「いのちの安全保障」論

安全保障論に関する従来からの定義は、領土・国民・財産を守ることとする定義である。冷戦時代を通じて広義の安全保障論は、軍事的文脈を通して議論される傾向の顕在化が見られたものの、米ソ冷戦終焉後は、再び多様な安全保障論（経済安保論や総合安保論など）が俎上に上がっている。そして、現在の安全保障論の中心は、軍事的文脈だけからではなく、より広義及び多様な課題に対応する議論が活発となっている。

エドワード・コロジェが「最も純粋な安全保障は人間の自由である」と喝破したように、軍事的安全保障に代わる「人間的安全保障」論が今日、議論の対象とされてきたことも注目すべきである。[*7] 現在、私も発起人の一人である「共同テーブル」が提唱する「いのちの安全保障」論も、このコロジェの議論を受け継いだものとも言えようか。

現在、国際政治学や平和学の領域では安全保障学なる研究領域が以前にもまして活発化しているが、大方が軍事的安全保障という枠組みで把握できるような内容に終始している。そこでは軍事的安全保障が安全保障論の中心とする偏在した見解が幅を利かしている現実がある。要するに現代の安全保障は力対力の論理とリアリズムで動いているのであり、それ以外の安全保障論は理想主義であって現実を直視していない、とするものである。

ロシアのウクライナ侵攻や、イスラエルの対ハマス戦争の展開を見るにつけ、その考えが学界だけでなく、世論のなかにも有力である。しかし、安全保障学が、軍事的安全保障論に偏在するだけでなく、敢えて言えば非軍事的安全保障論をも提言するような流れもまた必要であろう。

ロシアのウクライナ侵略から何を教訓として引き出すかを問うたとき、ロシアが何故軍事力を行使してまで、またここまで国際世論の反発を受けながら戦争発動に及んだのかを考えるとき、プーチン大統領の個性だとか、ロシアの大国主義への渇望だとか、また覇権主義とか、多様な理由が論じられている。それぞれは決して間違いはないだろうが、ここで確認すべきは、ロシアもまた例外なく軍事的安全保障論を採用していたことだ。

それは要するに安全保障にとって原理的な問題である「安全」とは、誰にとっての「安全」なのか、そしてその「安全」を如何なる手段で「保障」するのかという問題である。その問題をロシア・ウクライナ戦争に当てはめて考えた場合、先ずもってロシア連邦という名の国家の保全と拡張を果たすことが、ここで言う「安全」であって、それは直ちにロシア連邦の構成員たるロシア国民の「安全」ではないということである。非常に単純化して言えば、この戦争でロシア国民の「安全」が守護される訳でも、強化される訳でもない。部分的であれ寧《むし》ろ戦場に動員されるロシア軍兵士からすれば「不安全」な場に駆り出されていく訳である。

その「安全」をプーチン大統領は、軍事力という手段で「保障」しようとした。その侵略戦争のために、ロシアは国民という人材も軍事費という巨額の国費をも投入している。それがロシアの安全保障なのである。そこにはロシア連邦国家が主で、ロシア連邦国民は従の関係が明らかにされる。その関係性をプーチン大統領という一人の政治家が体現して見せているのである。そこには、ロシア国民の存在が後方に追いやられる。この関係性が可能な限り可視化されないように、プーチン大統領は様々な手法を講じて、この戦争の意義を繰り返し説く。「特別軍事作戦」なる名称も、単に侵略性を稀薄化するだけでなく、むしろ積極的な意義を強調するためにも使用されているのである。

それはかつて日本が中国を筆頭にアジアを侵略し、侵略戦争を「聖戦」や「アジア解放戦争」と命名して国民の思想精神をも含めて、戦争へと駆り立てた歴史事実に繋がっている。

戦争への敷居が低くなっている

反戦運動や平和運動などが活発に展開され、戦争発動をストップさせてきた長い歴史が一方に存在しながら、昨今では戦争が極めて簡単に引き起こされる。それは時代の逆行なのか、また、現代政治に潜在する暴力性が機会を得て表に登場してきただけなのか。

既に過ぎ去った過去と思っていた時代を彷彿とさせる国際社会で勢いを得ているファシズムや右翼主義、それをスローガンとする右翼政党や右翼団体の相次ぐ登場。そうした流れのなかで数多の戦争もまた相次いでいるのか。

ことロシアとウクライナの戦争は、両国の長年続く対立と不信のためなのか。そうした判然としない受け止めの一方で、やはり最低限抑えておくべき戦争原因がある。それは核抑止論の評価付け、あるいは認識の問題として、大きなボタンの掛け違いが今回も明らかであったことだ。すなわち、両者の軋轢から戦争に至る過程で、少なくともロシアのプーチンが侵略に踏み切った最大の理由は、戦争発動してもアメリカは核兵器による対抗措置を執らないとする確信であった。それが核抑止力によって核戦争は防止されるという確信だ。そこから表面上は核戦争に至らないという意味で、「安定」をもたらしていたとされる。

つまり、核抑止力が〝不安定な平和〟を存続させてきたとする把握である。ところが、核戦争が起きないとの確信が非核兵器、つまり通常兵器を使用した戦争発動へのハードルを引き下げてしまったとする議論が出てくる。勿論、この議論は、前節でも触れたようにスナイダーが説いた「安定と不安定のパラドックス」論で議論されてきたことだ。

結論を急げば、この議論こそ、戦争多発の要因だとする考えに行きつく。繰り返せば、今日の世界では核拡散防止への運動が強く叫ばれながら、既にイスラエルも加えて九カ国が核兵器保有国となっている。そして、注目すべきは、その九カ国はこれまで全て通常兵器による戦争を発動してきた国家であることだ。但し、朝鮮は朝鮮戦争を引き起こしたが、当時は核兵器保有国ではなかった。現在はハマスとの〝戦争〟に踏み切ったイスラエルは公式には認めていないが核保有国である。

これら核兵器保有国は、それゆえ核保有国間の戦争は想定せず、通常兵器による戦争発動をある意味安直に踏み切っている。戦争への敷居が低くなっているのだ。つまり、核抑止力による「安定」が通常兵器による戦争を誘引してしまっているのである。

「構造的不攻撃性」

そうした問題を含めて、参考となるのは、ドイツのエゴン・バール（Egon Karlheinz Bahr、1921-2015）が説いた「構造的不攻撃性」という概念である。つまり、軍事力を保持したとしても、その質や役割が攻撃には不適合な質を担保されたものを示す。具体的には航続距離や爆弾投下不能力、射程の短いミサイルなど領土・領海・領空の範囲内でしか軍事力として機能しないソフトやハードによって武装された、文字通りの防衛力のことである。

換言すれば「敵を持たない安全保障」政策とも言える。「敵を持たない」とは、「安保三文書」で示されたように、事実上の仮想敵国を定めないことである。それを現実の防衛戦略で言えば、

「専守防衛」戦略となる。現在の自衛隊の正面装備の質を問えば、明らかに「専守防衛」の範囲を大きく越えた質と量を保有している。

安全を目的とし、それを保障する手段として軍事力（防衛力）で担保するという軍事的安全保障論が中心となっているのである。そうではなく、安全保障の概念をより広く捉え返し、そこでは領土・領空・領海を守ることだけではなく、国民の命・暮らし・未来をも守ることを意味する概念として理解することを前提としなければならない。そこから軍事的安全保障から、人間的安全保障や民衆的安全保障、さらには「いのち」の安全保障など、多義にわたる概念が提起される必要がある。

いま日本の軍事化に奔走する日本政府、戦争モードに便乗する世論やメディア、ロシアのウクライナ侵略の評価をめぐるリベラリズム内の分裂、右翼国家日本から一段と強まる右ブレなど、日本の内外に吹き荒れるファシズムの静かな嵐の予兆。こうした時代に安全保障問題を切り口として、差別、抑圧、貧困などの構造的暴力を解消し、戦争の種を早期に掘り出し、平和の種を植え込んでいく作業が益々必要となっているように思われる。

（二〇二三年九月三〇日　金沢市での講演レジュメの一部を文章化したもの）

第四章 これからの私たちの取り組み

1. 〝日中経済戦争〟を許してよいのか

進行する行政主導の日本政治

メディア報道や国会での論戦、さらには市民運動のなかでも概して本格的な議論が進まない中、二〇二二年五月一一日、経済安全保障推進法（正式名称は、「経済施策を一体的に講ずることによる安全保障の確保の推進に関する法律　令和四年法律第四三号」。以下、経済安保法）が成立した。

それは、特定重要物資の安定的な供給（サプライチェーン）の強化を含め四つの柱から成るとされる。そこで、ここでは経済安保法が〝対中国経済戦争〟の嚆矢《こうし》であること、また、それがアメリカの指示の下で法制化されたものであること、そして、今後同法の徹底化のために、かつて法制化が目指されたスパイ防止法の制定が再浮上する可能性が出てきたことなどを要約することにある。実際、同法成立後に同法担当の高市早苗大臣がスパイ防止法制定に意欲を見せている。

そもそもこうした政策が強行される事態を繰り返し見せられてきた。その背後には戦後日本政治が三権分立による民主主義国家ではなく、政府を中心とする行政権力が立法権力や司法権力を凌駕する権力構造にあったからである。いわゆる行政国家である。それが高度化すると、高度行政国家という概念で括られることもある。[*1]

生前の安倍元首相は、「法の支配」を完全否定する形で三権分立を原理とする民主政治からの脱却を志向し、それを「戦後レジームからの脱却」なる言葉で表現していた。まさに行政主導国家、換言すれば行政国家化への道を直走《ひたはし》ってきたと言える。その長期政権が意味するのは、まさに日本の行政国家、さらにはその強度を増した高度行政国家への道だ。それを政治学上ではファシズム国家と言う。

高度行政国家が必然的に国家総動員システムの構築を求めることは歴史が示す通りだ。「法の支配」とは、立法・行政・司法の三権が対等の関係にあることを示す用語である。しかしながら、「法の支配」の意味を解していないのは安倍元首相だけだと思っていたが、岸田首相も同様だった。

安倍が繰り返した「戦後レジーム（体制）からの脱却」とは、「戦前レジームへの回帰」であった。その志向性のなかで軍事大国に適合する事実上の軍事機構と軍装備の拡充が、「安全保障環境の変化への対応」という常套句を口にしながら強行されてきた。その安倍路線を忠実に果たそうとしているのが岸田現政権である。安倍政権から菅政権を挟んで岸田現政権までに強行された高度行政国家への道は、二〇一〇年以降に限っても、特定秘密保護法（二〇一三年一二月）、新安保法制（二〇一五年九月）、盗聴法改悪（同年八月）、共謀罪法（二〇一七年六月）、デジタル監視法（二〇二一年五月）、重要土地利用規制法（二〇二一年六月）、そして、経済安保法（二〇二〇年五月）等によって具体化されてきたと言える。文字通り、戦後版新ファシズム国家への道だ。

こうした一連の高度行政国家への道は、「安保三文書」においても踏襲されている。そこではロシアのウクライナ侵略戦争を受けて、戦争の危機が強調され、同時に米中軍事対立の先鋭化を前提にした日本自衛隊の役割期待が明確化された。さらにはアメリカと日本とが共同歩調を採る「自由で開かれたインド太平洋」構想が、日米同盟とＮＡＴＯとの連携へ、換言すれば日本の準ＮＡＴＯ化が着実に進められている。

また、重要土地利用規制法に象徴されるように、民間資源をも戦争の動員対象として強制的に接収できる法的措置が採られた。つまり、この国を丸ごと戦争資源化する権力の判断が露骨に示されたのである。まさに国家総動員のシステムが着々と打たれているということだ。物資も人も戦争資源とされていく国家こそ高度行政国家の特徴であり、戦争国家そのものだ。国民の反論を回避、確実に戦争政治を推し進めるには、行政国家が適合的なのである。

そして、「戦争のできる国」となった日本では、情報戦への対応能力の強化やサイバーインテリジェンスへの備えを理由に国家情報局の設置が時間の問題となっており、個人情報や企業情報を含めて平時から管理・統制する措置が、国防思想の宣伝と表裏一体の形を採って押し進められようとしている。さらには地域コミュニティーとの連携を謳い文句に、地方分権型から、これまで以上に中央集権型の国家構造への大胆な転換が検討されている。今後、国民の生命・財産の保守を名目とする国民保護の一層の強化を口実とする国民の囲い込みと、国民の自由・自治・自立を阻害する主体的な行動への規制がソフトな語り口のなかで示されている。

セキュリティクリアランスの名による選別と排除

経済安保法の趣旨の危うさにもう少し拘ってみたい。「この法律は、国際情勢の複雑化、社会経済構造の変化等に伴い、安全保障を確保するためには、経済活動に関して行われる国家及び国民の安全を害する行為を未然に防止する重要性が増大していることに鑑み、安全保障の確保に関する経済施策を総合的かつ効果的に推進するため、経済施策を一体的に講ずることによる安全保障の確保の推進に関する基本方針を策定するとともに、安全保障の確保に関する経済施策として、所要の制度を創設するものです」（傍点引用者）とある。[*2]

ここでのポイントは、経済と安全保障を一対のものとし、「安全保障を確保するためには、経済活動に関して行われる国家及び国民の安全を害する行為を未然に防止する重要性が増大している」との認識を踏まえ、かつて議員立法として提案された所謂「スパイ防止法」的な秘密法制の策定を射程に据えていることである。勿論、経済安保法は既に秘密保護法制的な内容をも含んでいるが、別建てで、よりクリアな秘密保護法制が検討されている。成立済みの「特定秘密保護法」と比較して言えば、「不特定秘密保護法」とでも言い得るものだ。

現に高市早苗経済安保相（当時）は、二〇二二年八月一二日、自民党政調会長時代にフジテレビ系「日曜報道 THE PRIME」に出演し、経済安全保障推進法の成立に絡み、「スパイ防止法」に近いものを推進法に組み込んでいくことに強い意欲のあることを表明した。経済安保法の担当大臣となった高市氏は、さらに「まずは第一弾ができた。残る課題はセキュリティクリアランスだ。これをしっかりやらないと諸外国との民間共同研究もできない。日本が欧米のサプライチェーンから外される可能性もある」とも発言している。ここで言うセキュリティクリアランス（以下、SC）とは他でもなく、「スパイ防止法」に繋がるものだ。要するに研究成果の国家による独占を可能にするものである。

経済安保法に登場し、キータームとなったSCとは、「秘密取扱適格性確認」を意味する。

「国家安全保障に関連する科学的、技術的又は経済的事項に関する情報」（アメリカ大統領令第一三五二六号）により導入されたＳＣの概念は、機密指定を受けた研究内容に関わる研究者にはＳＣの取得義務を課し、成果の公表に強い足枷を課すものである。これを日本にも本格的に導入しようとするもので、要するに経済活動に関わる情報にアクセスする人物の個人情報を調査記録し、その結果として選別と排除を徹底して行うことを意味する。

　ＳＣの概念は、二〇二〇年一二月六日に自民党政務調査会新国際秩序創造戦略本部が作成した「提言『経済安全保障戦略』の策定に向けて」のなかで初めて登場し、以後「日米安全保障協議委員会共同発表」をはじめ、様々な政策文書において頻繁に登場することになった。しかし、経済活動の定義も無限であり、何を秘密として特定可能か極めて曖昧である。また、国家行政が一方的に適正を確認することは、恣意的な判断が横行することにもなりかねない。

　ここでは恐らく特定秘密保護法よりも、不特定な対象を秘密とするだけでなく、適正確認を口実に個人情報や個人活動にまで監視と調査が恣意的に行われることを意味しよう。そこで問題は、人権保護の手当てが無視される可能性が、この種の法律には極めて高いことだ。一九八〇年代初頭に所謂スパイ防止法案が審議されながら未成立に終わった経緯がある。二〇二三年五月に経済安保法が成立した折にも、スパイ防止法的な内容の盛り込みも検討されはしたが、世論の反発を警戒してか別枠での成立を見込んでいるようだ。ＳＣなる新用語を導入しながら、いずれスパイ防止法が再論されることになるかも知れない。

戦後版「国家秘密法」の浮上

戦前の日本には、軍事上の秘密保護を目的とした軍機保護法や国防保安法など軍事法制が数多存在していた。そのために「防諜」の名で徹底した監視社会を創り上げた。そこでは防諜ポスターや防諜週間などの施策が打たれ続けた。それらを戦後には国家機密法と呼称し、戦争国家を法的に支えた負の遺産として捉えてきた。しかし、その国家秘密法が一九八〇年代に、いわゆるスパイ防止法の名で再登場することになった。

それは、一九七九年二月のスパイ防止法制定促進国民会議の結成を契機とする。その背景には、一九七八年一一月の「日米防衛協力の指針」(ガイドライン)の策定に絡み、国家機密の保護立法の要請がアメリカ側から強く要請されたことにある。それで、一九八〇年四月に安保調査特別小委員会から「防衛秘密に関するスパイ行為等の防止に関する法律案」(第一次案)が提案された。自民党の政調審議会は原案を了承したが、国会提出は政府の判断に委ねられた。国会提出は見送られたが、同法案の作成を契機に同法制定が自民党の公約として掲げられることになる。

続いて第二次案として一九八二年七月二日、「防衛秘密に係るスパイ行為防止法案」の名で議員立法として国会提出が目指された。同法案では、防衛秘密の定義については政府の裁量に完全に委ねるとした。第二次案の折には財界が深くコミットすることになり、軍事費の増額と防衛力強化、そして武器輸出措置の緩和などを主張する。この時、盛んに提唱されたのが「経済の軍事化　NATO並みの国家」への道である。ここには、今日のスパイ防止法の再浮上との共通点を幾つか指摘できよう。

第二次案も国会提出までには至らなかったが、制定気運は深く潜行する。そして、一九八四年八月六日、自民党の安保調査会法令整備小委員会は「国家秘密に係わるスパイ行為等の防止に関する法律案」（第三次案）をまとめた。第三次案は「国家機密に係わるスパイ行為等の防止に関する法律案」（第三・五次案）として、自民党の外交・国防・法務部会・調査会の合同会議で了承される。国家秘密が国家機密と変更されたのである。第一次案から第三・五次案に至るまで、罰則規定の厳罰化が進められ、同時に国家秘密を国家機密と名称変更したうえで、保守すべき国家機密の範囲が一段と拡大されていった。同法案は野党やメディア、そしてこれを支持する世論の反対・反発もあって継続審議として棚上げされることになる。[*3] 経済安保法も形を変えて国家秘密法的な法律として登場していることに注意が必要であろう。

「経済安保法」の何が問題か

それでは「経済安保法」の何が問題かを箇条書き的に纏めておきたい。

第一に、経済安保法とは、一個の法律としてだけ見るのではなく、アメリカが強引に進める対中国包囲戦略の一環として位置付けられることである。対中国包囲戦略は日米同盟を基軸とする軍事的圧力をかけるという側面だけでなく、それ以上にサプライチェーンの対象国であった中国との経済関係を断絶しても構わないとする、言うなら経済戦争を仕掛ける法制であることだ。例え中国との貿易が途絶しても、日米経済が一定の耐性も有し、担保可能な体制を構築することを構想しているのである。

日米同盟が、日米軍事経済同盟化する方向に舵を切りつつあるということだ。そのために日本は国家総動員体制を敷き、国防体制の完璧を期そうとする試みが透けて見えることである。果たして、この方向性は許容可能だろうか。中国との政治的経済的関係の深化と発展こそ、日本が平和と民主主義を持続できる唯一無二の選択ではないか。そうした方向と真逆の選択を経済安保法は採用しているのである。

第二に、安倍政権時代に設定された集団的自衛権行使と新安保法制による自衛隊の海外展開への道を開き、戦争国家に適合する国民の統制・管理・動員のための法制が共謀罪から重要土地利用規制法、そしてこの経済安保法まで、これは総じて戦前の国家総動員と同質の法体系の下に制定施行されていることだ。こうした一連の法整備ゆえに、この国は現行憲法が存在しながらも、事実上の国家総動員体制が既に敷かれていると捉えても過剰ではないであろう。

第三に、経済安保法は対中国経済戦争に踏み切ったことの法的表現であることだ。経済安保法の起点は、二〇二一年四月一六日の「菅・バイデン日米共同声明」の具体化と指摘されているように、同法は日米共同立法とも言える性質を持っている。先の特定秘密保護法が国内向けであるのに対して、経済安保法は日米両国を跨《また》ぐ秘密法制と言う性格を多分に秘めたものとしてある。いまや日本はアメリカとの間に政治・軍事領域だけでなく経済領域においても〝同盟関係〟を構築しようとしている点に注目すべきであろう。

この選択が果たして日本にとって本当の意味での安全保障や平和、そして生活経済安定の道とはどうしても思われない。やや過剰な表現を許されるなら〝経済戦争〟への扉が開かれようとしていると指摘できよう。日中経済戦争ではなく、両国の経済関係の強化こそ、日本の安全保障に繋がることを強調しておきたい。

2. 漂流するリベラリズム

〝リベラル国際秩序〟の崩壊

二〇二二年四月に出版した『リベラリズムはどこに行ったか　米中対立から安保・歴史問題ま

で』（緑風出版）のなかで、日本を含め国際社会の全体を鳥瞰してリベラリズムの後退とファシズムの台頭が年々顕在化していることを繰り返し指摘した。それは単に思想やイデオロギーの次元ではなく、数多の人々の精神性においてファシズムやミリタリズムを原理に据えた主張が政治や軍事だけでなく、経済の在り方まで規定している。

別の角度から言えば、それは戦争構造の日常化・社会化に加え、コロナ禍・気候変動などにより、本来の「人間文明」が近代文明によって破壊される現実に十分な解答を用意できないまま、非常に短絡的かつ即効的な解決を提示するファシストたちの言い分に多くの人たちが共鳴する現実である。

国際社会はと言えば、多層化・多極化が一段と進行している。インド出身の著名な政治学者であるアミタフ・アチャリア（Amitav Acharya）は二〇二二年に翻訳版が出たが、『アメリカ世界秩序の終焉―マルチプレックス世界のはじまり』（ミネルヴァ書房刊、二〇二二年。原題は"The End of American Order", 2014）のなかで主張するように、アメリカ主導のリベラルな国際秩序が終焉を迎え、マルチプレックス（多重化）の世界が始まろうとしている、と指摘している。ロシアのウクライナ侵略が世界の多重化・多層化を象徴する戦争の一つとする見方もできよう。

アチャリアの本における重要な視点としては、アメリカという国家の終焉ではなく、アメリカが形成してきた戦後国際秩序である覇権主義、民主主義、同盟などの政策や概念で構成される秩序が終焉を迎えた、という言説である。

　つまり、ロシアのウクライナ侵略や中国の政治軍事大国化に絡む米中対立などが「新冷戦」との呼称を与えられているが、国際社会は二つ三つだけに分立しているのではなく、実にこれまでに経験したことのないような多重に分立した状態にあるということだ。それをアチャリアはマルチプレックス（multiplex）と呼んだ。米中対立があれば、米ロ対立、あるいは表面化してはいないが中ロ対立があり、NATO諸国内でも対ロシア姿勢をめぐり潜在的な対立が存在している。

　それは国家対国家という対称性のなかで生起する問題も多層化のなかで、誰が敵で見方かの識別も曖昧となり、敵味方が頻繁に入れ替わる可能性の多き世界が待っている、あるいはやって来ているという認識だ。そこで問われているのは、第一に「リベラルな世界秩序」あるいは「リベラリズム」、民主主義や平和主義などの未来志向型の用語や思想として語られてきたこと自体の正当性が危うくなっているのではないか、と言うことである。その理由としては、「リベラルな世界秩序」の主導者であったアメリカの戦後国際社会の振る舞いから、実は本当はリベラルなどと呼べるものではなかったことである。

　自由を語りながら、圧倒的な軍事力を押し立てて、他者の自由を簒奪する行為のなかから、確かに日本などを筆頭に同盟国を創り上げ、イスラエルなどアメリカ以外にも疑似アメリカ的国家を世界各地に創り上げようとしてきた。そのことへの反発と不信とが世界に拡散している状況だ。

中国の台頭、ロシアの軍事進攻、グローバルサウスの存在、朝鮮の核武装などもアメリカ主導の「リベラルな国際秩序」への反動とも受け取れる。加えてリベラルのもう一つの発信地であったヨーロッパ諸国におけるファシズム運動やファシズム政党の勢力拡大も、そうした枠組みで捉えられるかも知れない。歴史の清算も和解も全く考慮せず、ひたすらイスラエルへの梃入れを果たしてきたアメリカ。その結果として中東では核武装もした軍事国家イスラエルの誕生を許して来たアメリカ。これへの反動・反発としてパレスチナのガザ地区における支配政党であり、軍事組織でもあるハマスの持続する反イスラエル行動。その延長としての今回のイスラエル・パレスチナ戦争も、「リベラルな国際秩序」の破綻を証明する事件である。

アチャリアの言うアメリカの国際秩序は、圧倒的な軍事力によっても維持されてきたものだ。元来、民主主義と軍事主義が強制的に共存してきたアメリカの政治体制自体、最初から矛盾を内在させてきたが、経済的な繁栄を謳歌するなかで、その矛盾は隠蔽されてきたに過ぎないことが次第に明らかとなってきた。その矛盾は相次ぐ対外戦争への国内での反発となって示され、また、黒人差別やマイノリティへの差別の構造化となってアメリカ社会に混乱と不安を拡散してきた。その矛盾が最大化された二〇〇一年九月一一日の同時多発テロ事件以後、アメリカは足元を見直す機会を得たはずが、アメリカはアフガン侵攻作戦の展開によって、古き体質と古き秩序にすがるだけであった。

結局は、リベラル国家アメリカを自任していた、そのアメリカが異常なまでの軍事主義に傾斜してきた事実を戦後の国際社会は目の当たりにしてきた。〝リベラル帝国主義国家〟とさえ、敢えて呼びたくなるようなアメリカの振る舞いに、日本はひたすら隷属することによって〝ミニ・アメリカ〟日本として戦後国際社会のなかで生きてきた。そのリベラルの危うさに気が付いたとしても、気づかぬふりをすることで、戦後先ずはアジアでの復権と戦前から続く保守権力を戦後にまでスライドできた。生き残った保守権力が、その命脈を保持するためには、〝リベラル帝国主義国家〟アメリカの支援が不可欠であったということだ。

日本が国家としても、国民としても、また日本人の自由・自治・自立の「三自」を獲得するためにも、先ずはこのアメリカのリベラリズムの実態を批判的に見直す必要がある。アメリカ、日本をも含めて、とりわけ欧米先進国なる括りで捉えられる諸国で、ファシズムや右翼主義が立ち現れ、政党運動にも大きな動きが顕在化しているのも、本来のリベラリズムが成熟していなかったからだと総括すべきだろう。そこでは成熟を阻んだものは何かを問い続けることが求められている。これ以上、リベラリズムの漂流を見過ごしてはならない。

暴力を独占する近代国家の在り様を問う

歴史学と政治学の両面から長い間、国家とは何かについて考えてきた視点から言って、やはり国家論の重要性は益々高くなっていると思われる。近代国家の負の部分として暴力の独占体としての国家を根底から問い直すことなくして、私たちが通常の運動論のなかで取り組む護憲も平和主義も、また反戦の活動も未来を見通せないところに来ている。

かつてはアメリカのベトナム戦争やイラク戦争、そしてソ連のアフガニスタン侵攻など、大国の侵略戦争を幾度となく見てきた私たちは、それを資本主義対社会主義のイデオロギーの対立や、あるいは可視化された国家主権の場としての領土争いというレベルで戦争を追究してきた。しかし、そこに十分に議論されてこなかったのは、近代国家に内在する暴力性であった。近代国家とは戦争と表裏一体の関係によって成立するものであったということである。

ならば、近代国家が独占する戦争能力を削ぐこと、そのためには脱国民国家論の展開と、戦争の可能性を現実の闘争なかで除去していくことが求められる。勿論、簡単なことではないが、新しい文明史的時代転換のなかで、当然ながら反戦平和のスタンスも変容を迫られているのだ。

そこで必要なことは、脱近代・反近代という視点である。「近代文明」のなかで人間存在を危うくしている現実、近代文明の最大の特徴としての帝国による戦争の頻発と犠牲の大量化が不可避となっている現実を正面に見据えることだ。同時に、グローバリゼーションと戦争の普遍化の問題である。

すなわち、近代国家たる国民国家の内実が劣化する従い、その国家にしがみつこうとする権力者たちは、グローバリゼーションのスローガンによって、国民国家に内在する矛盾を世界化することによって延命を図る。例えば、「グローバル北」の社会は、「グローバル南」に矛盾を押し付けているのだ。世界や日本に内在する貧困・抑圧・差別等の構造的暴力と、その集積としての戦争は、グローバル化された「南」に放射されていく。この場合の「南」とは地理的空間を指すのではない。大国によって抑圧され、管理されてきた国家群のことだ。簡単に言えば、「グローバル北」は、「グローバル南」によって没落を回避しているのである。

近代の世界や近代の日本は、戦争と植民地という持続的暴力によって、資本主義の覇権維持と利権拡大を増殖させている。人的犠牲・環境破壊・貧困深化などの矛盾の大部分を「グローバル南」が背負う構造が現代の国際社会であり、その縮図として日本でも国内南北問題としての貧困、差別、抑圧など構造的暴力が蔓延している。

最近、耳にする忖度とか差配とか、非常に些細な言葉のように聞こえるが、それは要するに動員・管理・抑圧を原理とする支配者の論理としてある。そうした原理や論理を打ち破るためにこそ、私たちは多様な思想や制度を、等身大の共同の論理を対置概念や思想として育んでいかなくてはならない。

いま私たちは何処にいるのだろうか。間違いなく、戦争、異常気象、コロナ禍、貧困、差別など数多の圧力に晒されている。このうち戦争や紛争、異常気象は外圧であり、国内の貧困や差別、そしてファシズムは内圧ととりあえず区分してみよう。少々古典的な運動論から言えば、外圧があっても本当の変化は起き得ず、純粋な内発的展開というのは、内部の約束に制約されるから相対的変化しかもたらさない。しかし、いまは人類文明が猛烈な外圧をかけられている。逆に考えれば、これら外圧と内圧を同時的に受け止め、変革に繋げるチャンスでもある。いわゆる、古典的命題としての外圧と内圧の相互規定性という問題である。

反戦平和、民主主義、リベラリズムなど私たちが依って立つ思いを共に確認しながら、生態系や自然環境を破滅に追い込む元凶を洗い出すことが求められている。そして、過剰なまでの利益追求に奔走する現代資本主義の問題（コロナ禍でのオリンピック強行開催もその一事例）をも俎上にあげながら、私たちが望む社会とは真逆の社会に追い込もうとする国際秩序や国内政治に異議を唱えていく力の結集が求められている。

現代戦争の深淵と私たちの課題は何か

ロシアのウクライナ侵略戦争をも含めて、アフガニスタンやイラク等における内戦もアメリカ、イギリス、フランスなど帝国主義国家群の植民地化過程における民族分断統治の結果が、現在に続く内乱紛争の根源的理由となっている。帝国主義戦争と覇権の残滓としての問題が残る。つまり、未精算の帝国主義史総体の問題として現代の国際秩序の混乱と動揺が戦争と恐怖の深淵となっているのである。旧帝国諸国家群は、もはや覇権原理の徹底によってしか新帝国を維持できなくなっていると指摘できる。

そうした点を踏まえて言うならば、アメリカの覇権原理に追従する日本国家の問題性を告発していく反戦・反帝・反ファシズムの運動とは、覇権原理に対抗し、これに従属（隷属）していく資本主義総体への批判を展開することなのである。覇権原理が貫徹されるためには、権力による民衆の分断統治と民衆内の差別・抑圧・貧困など構造的暴力の常態化が不可欠となる。

例えば、部落差別が体制への不満上昇を回避し、それが下降するシステムとして案出された制度（抑圧の移譲原理）であるように、覇権原理は国家間の支配と被支配関係（従属関係）を生み出し、それを「同盟」という言葉に置き換えているだけである。日米同盟関係は、その象徴的表現と言えよう。そこから外的隷属関係と内的隷属関係の相互作用のなかで、既存権力が保守されている実態を踏まえて、覇権原理の危険性を暴露していくことが極めて重要な課題となる。

以上の覇権原理に絡めて言えば、国内的には護憲運動、国際的には例えばアジア共同体構築構想やアジア諸国民との和解と連帯のための私たちの運動とは、アジア民衆を外圧として分担統治し、内圧として差別・抑圧・貧困など構造的暴力を常態化することで、覇権原理の貫徹を意図する覇権国家への対抗運動としてある。

そうした運動を展開していくためには、被抑圧・被搾取階級としての「人民・民衆」（people）

がグローバル・グローカルに拡大再生産し、連帯・共同を拡張している現実と将来性を踏まえ、例えばアントニオ・ネグリ、マイケル・ハートの「マルチチュード」(Multitude)にも通底する主体の再定義と確認の作業が急がれるべきであろう。大国の覇権主義を清算し、覇権国家の国際秩序からの後退を迫る運動なくして、国際社会から戦争の危機は消滅することはない。

その場合、私たちは恣意的な解釈による疑似的リベラリズムを見破り、本来的なリベラリズムを覇権原理解体の共通認識として確認しあうことである。同時にアメリカンデモクラシーを世界の中心軸に据えようとする超覇権国家アメリカ主導の〝リベラル国際秩序〟からの脱却と、マルチプレックスの構造化のなかで、戦争無き国際秩序をどう形成していくべきか考え抜くことである。

同時にここでは徐京植が糾弾する現代日本のリベラリズムの劣化、あるいはリベラリズム思想と運動の停滞と後退の問題も検討していく必要に迫られている。それに関連すれば、徐京植の『日本リベラル派の頽廃』(高文研、二〇一七年)[*4]と、ゴールドバーク(Jonah Goldberg)のリベラルファシズム論説が参考となる。[*5]また海外での論議のなかで様々な注目されているゴールドバークのリベラルファシズム論が日本でも今後一層議論されてしかるべきであろう。

換言すれば、核大国が引き起こす既存の国際秩序の解体と再編の強行に、先ずは一致して異議を唱えていくべきである。日本における護憲運動とは、そうした使命を有している。その点で護憲運動は決して一国的な運動ではなく、世界的な展望のなかで再定義されなければならない、ということだ。それは平和憲法が人類の普遍的目標とすべき戦争なき社会（＝平和社会）を構想したものであるからだ。

戦後日本を通底する三原理

戦後日本政治は、覇権原理、安保原理、帝国継承原理の三原理によって支配されてきたとする見解がある。安保原理とは、言うまでもなく日米安保条約を基底に据えたものだ。覇権原理とは、その安保原理によって日本が対米従属を貫徹していくなかで派生した準アメリカ的な発想のなかで再生産されたもの。アメリカの世界覇権戦略に便乗することで、日本もアジアにおける覇権原理を実現していこうとする欲求に突き動かされた結果、中国の大国化への対抗心が醸成されている。

同時に朝鮮のミサイル発射実験への過剰なまでの反応の根底にも、また、アジアにおける日本の覇権を脅かすとする判断が意識的にせよ、無意識的にせよ喚起されている。それは数多の日本人にも共有可能な反中国・反朝鮮の心情として表出されているものだ。

これら安保原理と覇権原理はアメリカを出所としていることから、いわば「外圧」として日本政治に決定的な作用を及ぼしてきた。一九五五年の保守合同もアメリカという外圧によって成立したものだ。換言すれば以上二つの原理を基軸にすえたアメリカに従属する堅固な保守体制の構築が要請された結果であったことは、現在では誰もが認めるところだろう。

とりわけ、覇権原理は、日米安保が戦後日本国家の外付けとして位置し、事実上の日本国家の主権を凌駕して機能している。地上だけでなく空域までが米軍によって接収され、辺野古埋め立てによる米軍の意向を受けた日本政府の強硬姿勢の背景にも、そのことが示されている。加えて安倍殺害事件を契機に、あらためて浮上した反共思想が保守権力内部を侵食していた実態が明らかにされている。

敗戦からの約八〇年、保守権力は反共思想を拠り所として権力を肥大化させてきた。それが敗戦によって元首天皇制を骨抜きにされ象徴天皇制と化した現在の天皇制が、これ以上骨抜きにされず、時を見て元首天皇制へと回帰するためにこそ、反共思想は必要不可欠だった。それゆえ現在の統一教会に繋がる勝共連合との関係強化は、保守権力の維持と天皇制の復活のためにはなくてはならぬ存在であり、運動組織体であった。公権力を握った保守の集団としては、公的に反共思想や運動を推進することは不可能であり、そこに代替組織が求められていたのである。岸信介とアメリカによる勝共組織の立ち上げは、まさしく日米反共同盟の維持拡大には絶対不可欠の条件であったのである。

そこに覇権原理や安保原理を落とし込んでみるならば、その原理の意味がクリアとなろう。アメリカの朝鮮戦争やベトナム戦争を始め、現在に続く覇権原理に突き動かされた戦争発動の根底に反共思想が脈打っていたのであり、アメリカ主導の国際秩序に異議を唱えるイラクやイランに対する戦争発動（イラク戦争）や経済制裁は、現在ターゲットがロシアに絞られている。ロシアは自らの覇権原理でウクライナを犠牲にしつつ、侵略戦争を強行することでアメリカ主導の秩序に抵抗している。いわば、米ロの覇権戦争としてロシアのウクライナ侵略戦争が長期化・泥沼化の様相を呈している。

平和実現の方途を探る

以上の情勢を踏まえて、私たちはどのような対応をすべきかについて、少しだけ箇条書き的に触れて終わりたい。

第一に、憲法平和主義で現状変革と非武装の徹底追求が肝要かと思われる。この場合、「一方的非武装化構想（unilateral disarmament）を提案したいと思う。一国的イニシアティブを潰すのに、それを多国間に広げるという手法である。五〇年代のイギリスの「核軍縮キャンペーン」（CND）は、イギリスの一方的核非武装を要求したことを踏まえての提案であった。また、アジアの隣人との連帯と共同行動の実現の一つの方法として、東アジア非武装地域化・アジア非核地帯化や交流の一層の活発化も不可欠である。私もこれまでに中国（北京大学、西南大学、西安交通、・南開大学、東北大学、復旦大学等）、韓国（高麗大学、韓国外国語大学、壇国大学等）、台湾（淡江大学、台湾大学、国立政治大学、世新大学等）など各国の大学で講演や講義を担当し、多くの研究者や学生と交流を続け、相互平和共存の必要性を訴えているところである。

第二に、グローバル社会の非軍事化の提唱である。アメリカの覇権原理を物理的に支える核戦力を無化すること。さらに高度戦力を抑制していく（基地撤去、米軍撤退、軍縮などで）、より具体的にはＡＢＭ条約（弾道弾迎撃ミサイルの制限に関する米ソ条約、一九七二〜二〇〇一年）の復活や新ＩＮＦ条約の締結を提唱していくこと。そして、先んじて東アジア地域の非武装・非核化構想の提唱である。

第三に、抑止力論が幻想であることの普及と徹底である。アメリカ側に立って、「敵地攻撃能力」を備えて敵を「抑止」する、そのため南西諸島を最前線化することに断固異議を唱えていくことである。非武装平和主義は軍隊がないというだけでなくて、非武装・非暴力の原則は、ジェンダー関係も、都市と農村の関係も、資本と労働の関係も関連する。社会的なプロセス、思想的なプロセス、文化的なプロセスにおいて非武装を実現する。抑圧的な権力関係を減らし、無くす方向に変えていくプロセスに繋がる。非武装政策とは、国家の枠組みを超える政策だ。これを実現するためには、その主体たる民衆こそ変革主体であることの自覚と位置づけが不可欠に思う。

そのためには、既存の「国民国家」を越えていくことが肝心である。その先鞭としてアジア民衆による共同行動を通じて国家の敷居を低くし、その向こうに国家に代わるアジア共同体を構築していくこと。そのためにこそ、国家暴力の物理的基盤である軍隊・軍事力を解体し、その存在を規定する国家安全保障論を打ち破り、国家が独占する暴力から解放されることが不可欠だ。

第四に、「敵を持たない安全保障」論はあり得るか検討することが必要である。非武装・非同盟という選択もあろう。隣国に脅威を与えない軍事力という立論は成立するのか。エゴン・バール（Egon Karlheinz Bahr、一九二二～二〇一五）が説く「構造的攻撃不能性」を如何に受け止め、政策化するのか、出来るのかが現在焦眉の安全保障論として議論が進められている。そこでは抑止論を超える意味で、「脱抑止論」が期待される。

第五に、「いのちの安全保障論」の提唱と実践である。戦争は差別と貧困を最大化するもの。軍事的安全保障論から人間的安全保障論へ、国家防衛から人間防衛へ、侵略されることへの警戒よりも、非軍事的な方法による侵略されない国と社会の建設を求めていきたい。「攻められた時、銃を取るのか、取らないか」を考える前に、「攻められない国」＝平和大国日本の形成に全力を注ぐこと。同時に攻められても戦えない人が数多存在することを想起すべきだ。皆が武器を持てる健常者ではない。武器を持てる人と持てない人の、もうひとつの差別が起きてしまう。ドイツの「T４計画」[*6]を想起すべきであろう。障害者を安楽死させて排除した計画である。

提案はこれだけではないが、いま私たちを取り巻く戦争への道を選択することは絶対回避しなければならない。そのためにも戦争を進める政権から平和を創る政権へと差し替える運動が必要に思う。その具体的実践的な方法こそ、野党共闘ではないだろうか。平和な未来を切り開くために、共に奮闘していきたいものだ。

（『月刊社会民主』第八一〇号・二〇二二年一一月収載、加筆）

3. いまこそ非武装中立・非同盟政策の実践を！——平和実現の最終方途として——

「防衛外交」論浮上の可能性

本書の全体の最後に、私がこの間拘り続けている日本の採るべき安全保障政策として「非武装中立・非同盟政策」について触れて閉めることにしたい。すでに本書の各章各節で繰り返し述べてきたことだが、日本は他国の戦略に囚われることなく、独自の自立した外交防衛政策に踏み出さない限り、常に戦争に巻き込まれ、常に緊張した日常を強いられることになろう。

それは決して同盟国アメリカとの関係を断つことではない。独立国家日本には、日本の国情や民情に適合した外交防衛論があって然るべきだ。他者依存型でない外交防衛の毅然としたスタンスの確立こそが、日本の安全を確実に担保するはずだ。そのことを前提とした外交防衛論がなかなか進もうとしない。アメリカという重い足枷《あしかせ》があるからか。

アメリカの枠組みでしか外交防衛政策を志向してこなかった、と言う事実を率直に認めるなかで、非武装中立・非同盟を如何に捉え返すのか。その前に少々回り諄《くど》い論点から始めたい。「急がば回れ」の警句に従って。読者の皆さんは「防衛外交」という用語を聞いたことがあるだろうか。「防衛外交」について、本格的に纏められた最近作に、渡辺恒雄・西田一兵太編『防衛外交とは何か　平時における軍事力の役割』（勁草書房、二〇二一年刊）があり、本節もこれを議論の参考とする。戦時＝戦闘、平時＝防衛外交という戦時と平時の防衛力・軍事力の有効活用を論ずることで、アメリカだけでなくイギリス、フランスなどを参考としながら軍事力の役割を積極的に捉えていこうとする論点が強調されている。

この用語は、『防衛白書』にも、先の「安保三文書」にも登場しない。いわば防衛省関係の研究者の一部が使用しているに過ぎない用語である。それは、『防衛白書』で頻繁に登場する「防衛交流」（defence exchange）に近い意味と言っても良い。もっと馴染みのある用語に「防衛協力」（defence co-operation）がある。

なぜ、冒頭で「防衛外交」の現時点では一部の研究者しか用いない用語を引用したかと言えば、この言葉を起点として、近い将来において「防衛関与」（defence engagement）とか「軍事外交」（military diplomacy）と言った用語が活発に使用される可能性があるからである。

これらの用語は国家機関のなかに軍隊が重要な役割を担い、単なる軍事専門集団に限定されず、政治領域にも深く関わることを前提とする。そこでは政治と軍事との間には最小限度の緊張関係が存在するが、最終的には両者の関係が最適化されるなかで、一体化した組織として共存していくとする。

勿論、特にアメリカ、中国、ロシアなど軍事超大国の軍事組織の位置は、それぞれ固有の組織原理を持って構成される。共通することは内実は兎も角、非常に強力な大統領権限や中国で言えば中国共産党の統制に服することによって、その組織が担保されていることだ。換言すれば、政治に従属している点は共通している。同時に政治組織の物理的基盤として、非常に重要な権能を有している。

このように政治・外交と軍事との役割が明確であることは間違いないとしても、それゆえに軍事力が外交を含めた政治力を支えている側面も否定できない。そこから登場するのが、「軍事外交」に代表される用語である。実際にアメリカやイギリスの軍隊が戦闘に従事する集団組織であることは間違いないにしても、平時においては軍事や軍隊の在り様を踏まえ、積極的に軍事組織を活用していることである。そこで最も活用度が高いのが外交力の補完としての軍事力という考え方である。

日本で自衛隊の防衛出動への期待は憲法的制約や戦争の歴史が深い教訓となっていることもあって、今日においても第一位ではなく、自衛隊支持理由の第一に挙げられているのは災害支援である。

内閣府政府広報室が、二〇二三年三月六日の記者レクで公表した「自衛隊・防衛問題に関する世論調査」では、自衛隊に関心がある理由として最も多かったのは「大規模災害など各種事態への対応」(五三・一%)で、「日本の平和と独立を守っている組織だから」の二八・九%を大きく引き離している結果であった。これに、「国際社会の平和と安全のために活動しているから」(一〇・三%)を加算しても三九・二%となっている。

そうした現実も手伝った防衛省関係者や防衛力整備拡充に奔走する政治家や支持者たちのなかに、「防衛外交」や「軍事外交」という用語を実質化したいとする要求が潜在していることも間違いないであろう。

果たして、「防衛外交」や「軍事外交」が理論的には研究や議論の対象とはなり得ても、現実の日本政治のなかで許されるだろうか。ここは一端日本国憲法の平和主義の問題を横において考えてみたい。その場合、いわゆる防衛力なるものが確保しようとする安全保障について触れておきたい。

政治と軍事の関係から

「防衛外交」の問題性は、大きく言って二つある。一つ目の問題は、「防衛外交」の先進国であるイギリスの事例で理解されるように、肥大化した軍隊を平時において軍事予算の一定額或いは増額を担保するため、戦闘任務以外の任務の確保という課題に向き合うことから生じる役割期待である。その一策として外交領域に業務を開拓する志向性が生まれる。つまり、平時における組織維持と拡大の方途として外交領域への進出を常時確保しておこうとするものである。これは消極的な外交領域への進出と言える。だが、そこでの問題は、進出が客観的にみて軍事専門家集団の外交への介入に結果していく可能性である。これは正しくは「防衛関与」と言われるものである。

二つ目の問題は、以上の問題と関連して関与から介入が恒常化した場合、これは私の造語だが〝防衛介入〟(defense intervention)が派生することだ。私は長年政治と軍事との共存の可否について研究する理論である「政軍関係論」(Civil-Military Relations)を研究課題の一つとしてきたが、最終的には軍部による政治介入に帰結する実態を、日本だけでなくアメリカ等の事例で追究してきた。

私の主著として、『近代日本政軍関係の研究』(岩波書店、二〇〇五年刊)があるが、そこではアメリカの政軍関係論を踏まえつつ、政治と軍事の共存は在り得るのかを日本、アメリカ、ドイツ、フランス、イギリス、旧ソ連、中国等各国の事例を俎上に挙げて論及している。そこで得た結論を先取りして言えば、〝防衛介入〟が戦前期日本と同様に軍部の政治介入が現実化し、最後には政権奪取にまで至る可能性を全く排除できないことだ。

そう考えざるを得ない事例を示そう。私は、二〇一六年に『暴走する自衛隊』(筑摩書房、ちくま新書)を出版したが、その「第五章　制服組の逸脱行為　自衛隊事件史」において、自衛隊のクーデター未遂計画「三矢事件」(一九六三年)、「超法規的発言」で解職となった栗栖弘臣統合幕僚会議議長(当時)が「専守防衛と抑止力の保持は併存し難い概念」(『WING』一九七八年一月号)との発言、陸自幹部の改憲案作戦問題(二〇〇四年一二月)、自衛隊の国民監視業務を担う陸自情報保全隊の問題などについて詳細に論じた。[*7]

なかでも注目したいのは、二〇一五年九月一九日のいわゆる新安保法制の強行採決に先立つ前年の二〇一四年一二月一七日、河野克俊統合幕僚長(当時)がアメリカ国防総省を訪問し、当時のオディエルノ陸軍参謀総長、スペンサー空軍副参謀長、ワーク国防副長官、グリナート海軍作戦部長、スイフト海軍作戦部幕僚部長、デンプシー統合参謀本部議長、ダンフォード海兵隊司令官らと個別に会談し、新安保法制の早期法制化を約束して帰国したことである。[*8]

以上の実例で判る通り、自衛隊制服組による防衛政策についての具体的な関与、あるいは介入は既に相当程度始まっているだけでなく、政策実現に極めて重要な役割を演じてきたことである。問題は、こうした〝防衛介入〟を是とするのか、非とするのかの判断が問われている現実に直面していることだ。勿論、憲法上容認されない自衛隊だが、法律的には存在が容認されてきた。

従って、介入の是非は直ちに自衛隊の違憲合法論をどう判断するかに直結する問題である。

「防衛外交」の是非をめぐって

先に結論を示そう。

第一には、護憲の立場を堅持し、憲法九条が示すものは、以上の実例に絡めて言えば、この「防衛外交」や「防衛介入」を許さないとの意味が含意されていること、さらに言えば如何なる軍隊をも許容しないこと、そもそも軍隊に関連する組織や法律などを想定していないことである。以上は護憲の姿勢からは一歩も譲ってはならない判断となる。

第二には、そうした平和憲法が生み出されてきた歴史過程をしっかりと受け止めた場合、二度と加害者にも被害者にもならないと世界に向けて発信し、そこから失われた信頼を回復するためにこそ、平和憲法を護り抜く覚悟を日本が持つことだ。その覚悟を放棄するに等しいのが「防衛外交」、そしてその過程で派生する「防衛介入」である。

第三には、外交力を担保するものとして防衛力・軍事力が不可欠であるとするのは、明らかに誤った思考であることだ。丁度、抑止力が軍事的にも非合理的であり、さらに言えば幻想でしかないこととも関係する。軍拡の連鎖に拍車をかけ、戦争の可能性を高めるだけの抑止力論への依存が、果たして安全保障に繋がるのか、という問題である。抑止力強化により、軍事大国化した国家が戦前期の日本を含め、戦後のアメリカなど侵略戦争に奔走したことは誰もが知っていることだ。

ソ連に代わるロシアも軍事大国となり、ウクライナ侵略を強行しているのは、その軍事大国故であり、国内の軍事組織の拡充と政策介入が顕在化したからではないか。防衛力であれ軍事力であれ、力（武備）に担保された外交力は本当の外交力ではない。

これに関連して田中均元外務審議官は、「強力な外交力のためには、強力な軍事力が不可欠と言うのは暴論であり、全くの間違いです*9」と喝破している。軍事力によって、より強力な外交力が発揮されるという立場自体が、外交力への信頼を欠落させた思考に堕している証拠である。それは、軍事力を正当化づけるための方便でしかない。

こうした問題は、現在、頻繁に登場する安全保障論とも深く関連する。岸田政権が連呼する安全保障論は、枕に「軍事的」が冠せられるような軍事力によって担保される安全保障論である。それが当然視され、圧倒的な世論や諸政党の論議や政策のなかにも、この軍事的安全保障論が充分な議論も経ないで独り歩きしている感がある。

安全保障とは何か

ならばあらためて安全保障とは一体何を意味するのか、を問わなければならない。少しばかり原点に立ち返ってみたい。

本来の安全保障（security）概念は極めて広義の概念であり、そのなかに「国家防衛」（国防）（defense）＝「軍事的安全保障」が含まれる。そして、広義の概念ゆえに国防は安全保障の下位の概念となる。それで安全保障を思考する場合には、主体・価値・手段が三位一体の関係のなかで一元的に把握され、その延長線上に「政策」が提唱される。

冷戦時代は、この三位一体の関係が、ある意味で簡潔に語られてきた。例えば、アメリカ（主体）が、自由思想（価値）を、軍事力（方法）によって、世界の主導国の地位（＝覇権）を確保維持しようとし、一方旧ソ連も社会主義という価値を軍事力によって維持拡散しようとした。その米ソ間の対立を私たちは冷戦構造とか冷戦体制と呼んできた。

脱冷戦の時代に入り、安全保障概念の多元化あるいは拡散という状況が出現する。そこでは主体の多重化、価値の多様化、核拡散による手段の絶対化・高度化という現実に直面することになる。脱冷戦時代における主体・価値・方法の多様化が、現代国際政治における不確実性・不透明性の根源的な理由である。そこから脱冷戦時代状況に即応・対応可能な安全保障概念の再構築が求められている。

securityには、本来二つの意味があるとされる。一つは、「安全である状態」（the condition of being secure）と、二つには「安全であるための手段」（means of being secure）である。但し、日本語では、「安全」と「保障」とを区別して把握されることが多い。如何なる状態を「安全」と言うかも大きな問題だが、従来においては如何なる手段によって「保障」するのかに注力されてきた。そして、securityという場合、「保障」に力点を据えて論じられてきた経緯がある

元来securityとは、第一次世界大戦（WWⅠ）以後にドイツとの再戦を回避するために起こった安全保障問題（problem of security）の議論のなかで、とりわけフランスがドイツに二度と侵略されないための方法を発想する過程で登場した概念であった。つまり、フランスの安全を保障する枠組みの設定が組上にあがってきた経緯のなかで登場したのである。そのためsecurityとは、フランスを防衛のための「集団安全保障」と同義であった。

「集団安全保障」論は、国際連盟（NL）の場で議論されたが、国連全体を一個の主体とする集団安全保障体制は実現せず、暫くの時を経て第二次世界大戦（WWⅡ）以後に創設された国際連合（UN）で「集団安全保障体制」として成立した。

安全保障の定義

それでsecurityが「守る」という意味合いを持って登場するのは、一九二〇年代半ばから一九三〇年代にかけてのこととされる。そこでは軍事的手段が最も重視され、それゆえsecurityとdefenseとの間に殆ど差はないとされた。安全保障とは、状況依存型の概念であり、状況変容

によって如何様にでも変化する概念でもある。事実、一九四〇年代に入ると戦争形態の総力戦化が顕在化し、社会全体が戦争に動員される事態が発生すると、defenseを職業軍人だけに委ねるのではなく、国民全体を戦争に動員・収斂する必然性のなかで安全保障論が概念化される。

そこでは以下の問題が焦点となる。すなわち、(1)軍事だけに依存しない総力戦への対応、(2)総力戦への戦争形態変化に伴い、既存の戦争指導システムが不十分であること、(3)アメリカの安全を担保するためにはヨーロッパの安全が必要であるとの認識が広まったこと、等。実際に冷戦時代に入り、アメリカのヨーロッパへの関心増大がNATO結成に結果する。同時に平時における戦争指導システムと法体系の整備が進められる。アメリカの国家安全保障法や、国家安全保障会議の設立が典型事例である。

このように冷戦時代を通じて広義の安全保障論は、軍事的文脈を通して議論される傾向の顕在化が見られたものの、米ソ冷戦終焉後は、再び多様な安全保障論(経済安保論や総合安保論など)が組上にあがる。そして、現在の安全保障論の中心は、軍事的文脈だけからではなく、より広義及び多様な課題に対応する議論が活発となっている。安全保障論に関する従来からの定義は、領土・国民・財産を守ることとする定義であろう。しかし、エドワード・コロジェが「最も純粋な安全保障は人間の自由である」[*10]と喝破したように、軍事的安全保障に代わる「人間的安全保障」論が今日、議論の対象とされてきたのも注目すべきであろう。現在、実に多様なテーマで議論し、集会を企画実践している開かれた集団である、「共同テーブル」が基調として提唱する「いのちの安全保障」論も、このコロジェの議論を受け継いだものとも言えようか。

「安全」は何よって「保障」するのか

ここで漸く本節の課題に近づく。安全保障の定義には、動的定義と静的定義があり、「安全」に焦点化した場合には、コロジェのような静的定義となり、動的定義の場合には「保障」の手段として軍事的方法論が先行して議論の対象となってきた歴史がある。

そこで問われるのは、明確な「安全」の定義と、その「安全」を維持継続するための「保障」論であり、その政策化である。すなわち、「いのちの安全保障」と言う場合、「いのち」を守る手段として、軍事(=武装化)か非軍事(=非武装化)の二者択一が迫られ、中間的かつ曖昧な「保障」論は、原理的に存在し得ないと思われる

強調したいことは、安全保障論は、常に軍事領域と同時性の関係にあるが、今後は軍事領域だけでなく、人権、環境、経済、疫病、犯罪、抑圧、貧困、差別など多領域・総合的領域で派生する課題対応型の議論として設定する必要があることだ。とするならば、多領域・総合的領域での課題対応型安全保障論には、むしろ軍事力は不必要な存在となることである。

すなわち、人権の復権と拡充、地球温暖化など異常気象に象徴される環境、恒常的なデフレと

インフレで横ブレが激しさを増す経済、現在進行形のコロナ禍に象徴される疫病、見通せない先行きに悲観して起きる凶悪化する犯罪、構造的暴力と一括される抑圧・貧困・差別など、国際社会に通底する諸課題の克服こそ最大の安全保障の目的とすべきだ。だとすると、そこに軍事力の活用の機会は益々減りこそすれ、増えることは在り得ないし、軍事力行使によって解決できる課題ではないことに気づく。それでもまだ軍事力の有用性を説く場合に用意される理由は、軍事大国が覇権主義を貫徹するための物理的手段としての戦争、それと呼応する軍需産業界の利益保障でしかない。

戦争や紛争など国家暴力が生起するうえでは外交上の行き詰まりがある。今日、ロシアのウクライナ侵略についても、ウクライナ東部地方の位置づけを暫定的に確定したミンスク合意をウクライナが一方的に破棄したことや、NATO諸国の東方拡大あるいは東方浸透と表現される対ロシアへの圧力があったことは知られている通りだ。勿論、ロシアの侵略行為自体は当然に批判・糾弾されて然るべきだが、ロシアとの和平外交の行き詰まりの帰結でもある点を看過してはならない。

ここまで安全保障の用語が発生し、政治の場で如何なる思惑と意図を持って使用されてきたかを概観した。そこで通底するのは、それが国家防衛の名に依る国家権力の保守・防衛の手段として使用されてきたことである。そうした過去と現在の経緯を踏まえつつ、これを批判的に捉えることが肝要である。それゆえ、安全保障を自由・人権・民主、そして「いのち」と健康を保持するため、国民が主体となって構想し、実現する対象として安全保障を再定義する必要があろう。こうした意味で「いのち」を護る意味において「いのちの安全保障」、その手段としての「非武装中立」、あるいは「非武装・非同盟」の提唱と、その説得的な説明が不可欠となってくる。そこで次に非武装・非同盟政策の実現に向けて議論と確認すべき諸点に触れておきたい。

なぜ、非武装・中立論なのか

日本の安全保障は、日米安保体制・防衛力整備・外交努力の三本柱で構成されてきたと歴代の政権は説明してきた。日本の国家・国民の安全のために安定化が不可欠であり、それを担保するものが「抑止力」とするメタファー（比喩）で物語化されてきた。安全と危機を自在に使い分けて、希求するものと排除するものとの解り易い言語を通して世論を繋ぎ止め、結果として自衛隊強化への反発を回避し、そのことによってアメリカの防衛強化要請に応えてきたのである。現在もその流れは一貫し、かつ最大化されている。その証左としての防衛費増額や反撃能力保有となって政策化されようとしている。

換言すれば、武装によって「安全・安定」を確保できるとの確信（正確には疑似確信）を前提に、「武装による」を軍事用語としての対処力ではなく「抑止力」の名で説明し、世論の同調を促す手法である。それゆえに、このメタファーの虚構性を剥ぐと同時に、「武装によらない」、つまり抑止力に頼らない安全の確保の具体的方針を提起するのが、私たちの安全保障論となる。

その解答が「非武装」による安全確保の方針提起であり、国際政治における軍事力を根底に据えた同盟ではなく、全方位友好関係の樹立を目途とする中立政策である。これこそが「非武装中立」論の基本原理となる。

武装力では、寧ろ私たちが遭遇している、人権、環境、経済、疫病、犯罪、抑圧、貧困、差別などには対処できないことは明らかである。ならば、政府が指摘する中国の軍拡や海洋進出、朝鮮のミサイル発射実験への対応は如何にするのか。それこそ軍事力ではなく、外交力を発揮する問題であり、それ以外の方法はない。

実は中国や朝鮮のそれも、軍事問題ではなく外交問題なのである。先ごろ開催された中国の全人代では中国の国防予算が凡そ三二兆円に膨らんだ。恐らくこれまた中国軍拡の証拠とばかり、自衛隊拡充正当化の口実に頻繁に使われることだろう。しかし、中国の軍拡理由は二つ。一つは石油や小麦など工業・食料資源の輸入ルートとしての海洋の確保、もう一つは対中国包囲戦略を採るアメリカへの対応、中国国内の軍需産業の利益確保、中国共産党の強固な物理的基盤の確保拡充などの理由であって、〝第二次日中戦争〟を予期してのことではないと断言できよう。朝鮮の軍拡も対米交渉の道具としての軍事強国路線に奔走しているからであって、日本攻撃の意図も能力も不在である。

韓国を含め、中国と朝鮮とも数多の歴史問題を抱えており、歴史和解が急がれるべきだが、それは外交交渉というソフトパワーの発揮でしか解決不可能であることは論を待たない。

非武装中立・非同盟の原理

軍事力の強化が安全を担保すると思考するのは、単なるドグマ（独断、教条）であることを確認すべきであろう。強大な軍事力を保有した国家は、帝国日本の中国侵略、戦後アメリカのベトナム侵略、パナマ・グレナダへの侵攻、イラク侵攻、旧ソ連のアフガン侵攻、中国のベトナム侵攻（中越紛争）、そしてロシアのウクライナ侵略など、強大な軍事力保有は侵略や侵攻の手段として用いられる。

同盟も既述の如く、戦争を呼び込む条約である。軍事ブロックが一国の外交的自立性を棄損し、没主体的に戦争加担を強いられる歴史と、新安保法制成立以後の日本の危険な現状を指摘するのは容易である。いわば、自動参戦状態に置かれていること自体、危機事態の対処を不可能にさせる。同盟は軍事至上主義を前提とした軍事ブロックであり、いわゆる「安全」を「軍事」によって担保しようとする軍事大国に共通する安全保障の手法である。

したがって非武装中立論とは、同盟の危険性と抑止（力）の虚構性を剥ぐことによって成立する。コロジェの言う「最も純粋な安全保障は人間の自由である」との定義に適合する議論であり、政策化することによる人間の自由獲得の唯一無二の手法であり、日本国憲法の思想と精神に合致する議論である。

かつて石橋正嗣は『非武装中立論』（社会新書、一九八〇年刊）を著したが、それを再読すると一九八〇年代の安全保障論でありながら、今日の世界の安全保障問題を解析するうえで、重要な示唆を与える内容であり続けている。すなわち、冷戦期はソ連封じ込め（一九八〇年代）の時代だが、新冷戦期は中国封じ込め（二〇二〇年代）との類似性を認めざるを得ない。ソ連が中国に代わっただけで、問題設定自体は不変であり、一九八〇年代的状況が、さらに強化されて現在的状況となっている、と言っても過言ではない。

石橋本が強調した「非武装中立」の提唱は、今日一層重要度を増している。冷戦期も新冷戦期も日本の安全保障は、他でもなく〝アメリカの安全保障〟であったことにおいて同一・同質なのである。

今日進められている沖縄・南西諸島の軍事基地化計画が意味するものは、かつて沖縄が本土防衛のための捨て石とされたように、現在はアメリカ本土防衛のために、日本列島をも含めて捨て石にされようとしているのである。つまり、防衛費増額も四〇〇発のトマホーク保有も、所詮はアメリカ本土防衛の武備でしかない。日本が戦場となる危険性を背負い、日本国民の犠牲を想定したアメリカの対中包囲戦略の要として日本が位置付けられているのだ。

そこで「経済の安定と国民生活の安定向上を図る以外に生きる道のない日本は、いかなる理由があろうと、戦争に訴えることは不可能だと言うことです」(石橋書、六五頁)との言葉の重さを確認するところである。この石橋の言葉は、「国民の生活向上こそが最大の安全保障」(バニー・サンダース)との発言に繋がる。*12

さらに石橋は続ける。「われわれは現実と妥協し、既成事実につじつまをあわせることによって平和憲法という貴重な財産を放棄する、ことを拒否しようというものです。あくまでも、これ(憲法の示す道)を追求しようというのであります」(同書、七九頁)。そこから読み取るべきは、アメリカの介入を不可避とするような軍事的安全保障政策からの離脱である。そのための選択として、非武装・非同盟政策の実現しかないであろう。

最後にもう一度石橋の発言を引用しよう。石橋は、「恐怖の均衡か平和友好の拡大か」(同書、一一九頁)が問われていると言う。既に四〇年余前の石橋の発言が、いま私たちに突き付けられているのである。

「同盟は相手国に脅威を与えるが、中立は脅威の存在とはならない、という確信を持ちつつ、この政策実現を目指すことこそ、安全保障政策の柱とすべきではないか。

軍事優先の安全保障の危険性と非現実性を学び通し、徹底した軍縮の提唱と実施のなかで、非武装中立・非同盟政策の実現こそが、現在において益々重要な政治選択であり、政策実現の時代状況にある。立憲民主党の如く、「日米安保堅持」が結局は軍事優先の軍事的安全保障に堕していくことは明らかだ。それと一線を画した、絶対非戦の立場からする非武装中立・非同盟政策を堂々と主張していくことが、益々求められているのである。

（コンパス21刊行委員会『コンパス21』第26巻・二〇二三年七月一〇日号収載に加筆修正）

注

第一章　ロシア・ウクライナ戦争の停戦と和平交渉への道

1　現在（二〇二三年一一月時点）、イスラエルとパレスチナとの〝戦争〟について、「人道的休止」（Humanitarian Pause）は戦争停止の条件として、人道目的に限定することで実現性を高めようとするもの。この〝戦争〟に限ればイスラエルは自衛権行使を強硬に主張し、これをアメリカが支持していることから停戦も休戦も実現性が低いとされている。

2　二〇一四年九月五日、ベラルーシの首都ミンスクで調印されたウクライナ東部ドンバス地域における戦闘（ドンバス戦争）の停戦合意書。ウクライナ、ロシアに加えてドネツク人民共和国、ルガンスク人民共和国が署名。しかし、これが失敗するとドイツとフランスの仲介で、二〇一五年二月一一日に「ミンスク2」が調印された。これでもウクライナとロシアの対立は回避できず、ついにロシアのウクライナ侵攻が開始された。結局、これら二つの合意書は、ウクライナに戦力充実の時間を与えただけだとする評価も根強い。

3　二〇一四年二月、ウクライナの首都キーウにあるマイダン広場を中心としたデモの結果、親ロシア政権であったヴィクトル・ヤヌコーヴィチ大統領が失脚し、ロシアへ亡命する政変に発展した。政変の背景には、アメリカが関与していたことは、バラク・オバマ米大統領（当時）が明言している。

4　ポーランドの首都ワルシャワで旧ソ連を中心に東欧八カ国がＮＡＴＯに対抗して結成した軍事同盟。

一九五五年六月六日に発効。旧ソ連の解体に伴い、一九九一年七月一日に失効した。直接の経緯は、一九五五年六月の西ドイツの再軍備とNATO加盟が認められたことに反発してのことだった。冷戦時代の東西二つの軍事ブロックとして相互に牽制と圧力を重ねてきた。

5 ビクトリア・ヌーランド（Victoria Nuland）は、二〇一三年一二月には、ウクライナを巡る会議において「米国は、ソ連崩壊時からウクライナの民主主義支援のため五〇億ドルを投資した」（The Voice of Russia, 2014.4.22.）と発言するなどウクライナ支援の急先鋒として知られる。同女史は、二〇二三年一一月七日から八日に開催されたG7外相会合にブリンケン国務長官に帯同して来日している。

6 ジョージ・ソロス（George Soros）は、ハンガリー系ユダヤ人の投資家。特に、アメリカの「民主主義」を世界で実現させるための基金である「全米民主主義基金」への有力な資金提供者の一人とされる。

7 「シープリース二〇二一」と命名されたウクライナ軍とNATO軍との合同軍事演習では、地中海と黒海を演習場とし、アメリカの第六艦隊の揚陸指揮艦「マウント・ホイットニー」に指揮所が設置された。演習にはウクライナ軍を含め、軍艦三〇隻、航空機四〇機が参加している。演習期間は、二〇二一年六月下旬から七月一〇日まで。ロシア軍は最高レベルの対応を余儀なくされた。

8 二〇一六年に設立された「国民軍団」と訳される「ナショナル・コー」（ウクライナ語：**Національний корпус**、英語：National Corps）は、アンドリー・ビレツキーが率いるウクライナのネオナチ・ナショナリストの政党。二〇一八年時点で党員数は一万五〇〇〇人前後とされる。党の中心的な支持基盤は、ウクライナ国家親衛隊の傘下にあるネオ・ナチのアゾフ大隊と民間の非政府組織であるアゾフ市民軍団のメンバーとされる。

9 アイダール大隊の正式名称は、ウクライナ軍第二四独立突撃大隊。ドンバス戦争に参加した折、ウクライナ東部の親ロシア系住民への拉致・拘留・恐喝・処刑等の戦争犯罪を行ったとし、二〇一四年九月八日、アムネスティ・インターナショナルが国際機関に申し立てを行った。

10 停戦交渉はその後も同年三月三日と七日にベラルーシのブレスト州、さらに同月一〇日と一四日にもトルコのイスタンブールで開催されている。

11 東大作『ウクライナ戦争をどう終わらせるか――「和平調停」の限界と可能性』岩波書店・新書、二〇二三年、四九頁。

12 ウクライナ共産党も、これより先の五月一六日に解散命令が出されている。

13 小泉悠『終わらない戦争　ウクライナから見える世界の未来』文藝春秋・文春新書、二〇二三年、三七〜三八頁。

14 同右、三八頁。

15 ハマスとは、本来の表記はハーマスであり、イスラーム抵抗運動の略称とされる。アラビア語で「熱狂」を意味する。ムスリム同胞団を起源とするイスラーム主義政治組織である。（臼杵陽「ハーマスはなぜイスラエル攻撃に行ったのか」（『世界』第九七六号・二〇二三年一二月）を参照。

16 アメリカの言う「正義」の矛盾と限界に観覧して、『東京新聞』（二〇二三年一一月五日付「ガザの衝撃　問われる世界」）では、「冷戦後、圧倒的覇権を得た米国が、イラク戦争などで示したのは「力こそ正義（Might makes right）と言わんばかりのおごりだった。覇権に影が差し、米国は中国との競争に目を奪われるようになっていく。その虚を突いたガザの衝撃はウクライナでは見えにくかった米国の『二重基準』も浮き彫りにしている」と。

17 Edward A.Kolodziej, "*Renaissance in Security Studies? Caveat Lector.*" International Studies Quarterly, Vol.36, No.4, 1992.

第二章　安全保障問題の現段階

1 二〇二三年一一月五日、イスラエルのベンヤミン・ネタニヤフ内閣のアミハイ・エリヤフ遺産相（イスラエル問題兼任担当）が、パレスチナ地区への核兵器使用も選択肢の一つと発言。ネタニヤフ首相は、これを即時に否定し、同遺産相を職務停止処分にしたが、閣僚としては残った状態である。イスラエル政府は公式には認めていないが、核兵器保有国であることは知られているところである。

2 全部で七条からなる「与那国町危機事象対策基金条例」（条例第九号）の第一条（設置）には、「本町における危機事象に関する予防、応急対策、復旧等に係る事業を推進するため、与那国町危機事象対策基金（以下「基金」という）を設置する」とある。

3 セングハースの言う「軍拡の利益構造」とは、巨大な軍需産業を抱え、それが軍産複合体を形成して軍事戦略にも重要な役割を果たし、次の戦争を用意していく構造のことを言う。詳しくは、ディーター・ゼングハース（高柳先男他編訳『軍事化の構造と平和』中央大学出版部、一九八六年）を参照されたい。

4 『東京新聞』二〇二二年九月一七日付。

5 「インド太平洋経済枠組み」（ＩＰＥＦ）は、二〇二一年一〇月、バイデン米大統領によって提案された「環太平洋パートナーシップ」（ＴＰＰ）に代わり、アジア地域で影響力を拡大する中国に対抗した経済協力の枠組み。

6 「核態勢の見直し」（ＮＰＲ）は、アメリカや同盟国が救国の状況に差し迫った場合、積極的に核兵器使用に踏み出すことを宣言した内容。核の先制使用も辞さない強い姿勢を占め居たものとされる。

7 『朝日新聞』二〇二二年一二月一日付。

8 閣議決定文の主な内容は以下の通りである。すなわち、日本と密接な関係にある国が攻撃された場合を想定して次の三つの条件が満たされれば、集団的自衛権の行使、すなわち自衛隊の海外派遣を可能とするものである。すなわち、「①日本の存立が脅かされ、国民の生命、自由と幸福の追求権が根底から覆される明白な危険がある、②日本の存立を全うし、国民を守るために他に適当な手段がない、③必要最小限の実力行使にとどまる」である。憲法の恣意的な解釈で憲法九条を内部から食い破る暴挙である。

9 『米中もし戦わば―戦争の地政学』文藝春秋、二〇一六年、二二八頁。原題は、"*Crouching Tiger: What China's Militarism Means for the World*" (Prometheus Books, 2015) である。

10 同上、二二九頁。

第三章　安全保障政策はどうあるべきか

1　一九三六（昭和一一）年には、旧ソ連のウラジオストック周辺に日本を空襲する能力を有する爆撃機の発進基地が設営されるとする宣伝。これに対応して軍事力の強化が叫ばれたが、実際に起きたのは、陸軍部隊約一四〇〇人を出動させた「二・二六事件」であり、陸軍の勢いを一気に加速させた。

2　自衛隊と文民統制（シビリアン・コントロール）の問題については、纐纈の『文民統制　自衛隊はどこへ行くのか』（岩波書店、二〇〇五年）及び『暴走する自衛隊』（筑摩書房・新書、二〇一六年）を参照されたい。

3　現在盛んに論じられている抑止力論について非常に明快に論じたグレン・スナイダー（Glenn Herald Snyder）の指摘。スナイダーの代表作『抑止と均衡』（原題は、"*Deterrence and defense: toward a theory of national security*", Princeton University Press, 1961.）である。

4　「安全保障のジレマ」（Security dilemma）とは、ジョン・ハーツ（John Herman Herz）が『政治的現実主義と政治的理想主義』（"Political Realism and Political Idealism: A Study in Theories and Realities". （University of Chicago Press, 1951）で提唱した概念。例えば抑止力の強化・向上を目的として軍備拡充に努めたり、同盟締結によって国力強化を図ることへの対応としてライバル国も相応の姿勢で臨んだ場合、果てしない軍拡競争に陥り、その帰結として軍事衝突に立ち入る可能性のあることを示す。双方とも軍備増強や同盟締結など自国の安全を高めようと意図した国家の行動が、別の国家に類似の措置を促し、結果的に双方とも意図していなかった戦争や紛争の状況を招き入れてしまうこと。そうした事態を招かないためにも、相互信頼醸成のベースに軍縮の断行や平和共同体の構築などが不可欠である。

5　グレン・スナイダーの"*The Balance of Power and the Balance of Terror*," in Paul Seabury,ed. The Balance of Power, Chandler, 1965）を参照。

6　この問題に関する示唆的論文として、栗田真広「『安定—不安定のパラドックス』の地域紛争における妥当性—インド・パキスタンの核保有とカシミール紛争を例として—」（日本軍縮学会編刊『軍縮研究』第三号・二〇一二年六月）と、同「「安定—不安定のパラドックス」と北朝鮮抑止—印パ関係の教訓から—」（防衛研究所発行『ＮＩＤＳコメンタリー』第六四号・二〇一七年一一月一五日）がある。

7　Edward A.Kolodziej, "*Renaissance in Security Studies? Caveat Lector.*" International Studies Quarterly, Vol.36, No.4, 1992）。安全保障学研究のなかで注目したいのはコロジュの他に「安全保障とは、曖昧なシンボル」（Arnold Wolfers, "*National Security as an Ambiguous Symbol*", Political Science Quarterly, Vol.67, No.4, 1952）と喝破したフォルフォーズがいる。

第四章　これからの私たちの取り組み

1　行政権が主導する国家を行政国家と言うが、その典型事例としてヒトラー率いるナチスが国会放火事件まで引き起こして立法権を形骸化し、ドイツ共産党をはじめ、諸政党を解党に追いやった事例が想起される。戦前日本の政治構造も、行政国家と言える。これに対し、行政権力を極力最小化する方向で議会の権限を優位に置く国家を立法国家、或いは司法権を優位に置く国家を司法国家という場合がある。また、中国のように「民主集中」の名の下にあらゆる権限を共産党に集中する政治システムを採る場合もある。これも一種の行政国家と言える。

2 内閣府ホームページの同法「法律の趣旨」から。（https://www.cao.go.jp/keizai_anzen_hosho/index.html）

3 一九八〇年代におけるスパイ防止法案の原型となったのは、戦前期の国家秘密法であった。これについては、纐纈厚「戦前期「秘密保護法」の役割」（藤原彰・雨宮昭一編『現代史と国家秘密法』未来社、一九八五年）及び『監視社会の未来』（小学館、二〇〇七年）を参照されたい。

4 徐京植は、日本の現在におけるリベラリズムに批判的であり、リベラリズムに潜在する非リベラリズム的要素に批判を展開している。

5 ゴールドバーグの書名は、"*Liberal Fascism: The Secret History of the American Left, From Mussolini to the Politics of Meaning*". Cron Forum, 2008. である。

6 T4作戦とは、一九三〇年代後半からドイツで始まった強制的な安楽死」（障がい者虐殺）計画のこと。ドイツ国内で実行された。現在公式資料で確認されているだけでも七万人余りが犠牲となった。

7 この問題については、纐纈の「これは〝法によるクーデター〟である　自衛隊幹部改憲案作成事件」（『世界』第七三六号・二〇〇五年二月）を参照されたい。陸上自衛隊の情報保全隊が国民監視業務や日本共産党、社会民主党などの野党を監視対象として膨大な情報を収集していたことが明らかになった。これについては、纐纈『憲兵政治　監視と恫喝の時代』（新日本出版社、二〇〇八年）で戦前期の憲兵との比較考証を行っている。

8 纐纈厚『暴走する自衛隊』筑摩書房（ちくま新書）、二〇一六年、一二一〜一二二頁。

9 a@tanaka Diplomat. 二〇二一年一二月二六日付。

10 Edward A. Kolodziej, "*Renaissance in Security Studies? Caveat Lector*," Internatinal Studies Quarterly, Vol.36, No.4, December 1992.

11 バーニー・サンダース〔萩原伸次郎監訳〕『サンダース自伝』（大月書店、二〇一八年）を参照。

あとがき

ウクライナとロシアとの戦争が始まってからもうすぐ二年目となる。その戦争の最中にイスラエルとパレスチナの〝戦争〟が始まった。国際社会には、勿論、この二つの戦争だけではない。信頼と交流が途絶え、議論が風化しているなかで戦争が起きるとすれば、信頼を繋ぐ方途や議論の深め方について、一段と考え抜き、行動する術を磨くしかない。

その議論の深まりが、この国を覆っている戦争モードによって削がれている感が年々強くなっている。多くの読者諸氏も同様の思いであろう。

そうしたなかで今年も例年に増して、いろいろな場で話をさせて頂く機会を得ることができた。そこに参集され、議論を交わした人たちとの間に危機感を共有できたのは幸いだが、この国の戦争モードを少しでも平和モードに転換させていくための術を紡ぎ出すことにおいては、必ずしも見解の一致が見られた訳ではない。平和主義にも民主主義にも、その解釈と実現の方法をめぐっては、実は多様化している現実にある。

それはそれで良いと思う。問題は、如何なる方法であっても、戦争を止め、人権を護り、日々の生活の安定を共に獲得できればと考える。だが、議論だけは真剣にかつ大きな度量を持って深めていくことにおいては一致したいと思う。

そのような気持ちから、今年（二〇二三年）だけに限り、書いた評論や講演記録から急ぎ一冊の本として、議論の一つの叩き台と成ればと思い出版にこぎつけた。実に短い時間に仕上げた一冊だけに、私自身も未整理な論点や説明不十分な展開もあろう。ただ、私の講演の記録を参考にしたいとの有難い申し出にこうした形で応えるのもありかな、との思いで一冊に纏めてみた次第である。

猛烈に暑かった二〇二三年八月に私の研究室にお越し頂いた緑風出版の高須さんと、最近の情勢やら出版界の話やら話込んでいる折に、この本の出版企画が決まった。一〇月に入り、打ち合わせに再度来訪された折には、イスラエルとハマスとの〝戦争〟が始まっていた。ロシアのウクライナの戦争をどうしたら停戦に持ち込めるかが本書の課題であったが、さらにはイスラエルとパレスチナの〝戦争〟の停戦をも話題とせざるを得なかった。

戦争が始まるまでには、歴史的にも深刻な矛盾が存在する。歴史に正面から向き合わず、戦争に加担することで一定の利益を得る力学が働く限り戦争は起き続ける。その戦争を止めるのは、単に交渉事だけでは済まない。戦争に至った歴史を掘り返すなかで、歴史和解の道筋を見つけ、和解のプロセスを設計しなければならない。そのためにも、私は日本の安全保障政策が、この和解のプロセスに参入可能な質と内容を持ったものでないことに危機感を持っている。

つまり、私が本書で繰り返したように、日本の安全保障政策が非武装中立・非同盟を掲げ、その実践を通して平和創造の実績を積んでいる国であるならば、歴史和解と停戦勧告をなす最適な国家と成り得るからである。私がこの評論集を急ぎ仕上げたのは、和解プロセスと停戦勧告に参入する資格を安全保障政策の転換のなかで獲得すべきではないか、との問題意識からである。

ところで本書のタイトルを『ウクライナ停戦と私たち』としたのは、イスラエル・ガザ戦争をも含め、停戦を求める「私たち」の立ち位置を何処に求めるのか、を問いたかったからである。平和実現の第一歩としての停戦を実現するために、日本の安全保障環境を歪なものにしている安保体制を内部から検証し、告発していく主体としての「私たち」が連帯することこそ益々必要となっている。国家やイデオロギーを超えて、普遍的な課題としての平和実現のために、深く連帯できる「私たち」でありたいと切に思うのである。

そんな思いを緑風出版の高須さんにまた汲んで頂いた。同社からは、『崩れゆく文民統制』(二〇一九年)、講演録集『重い扉の向こうに』(二〇二〇年)、『リベラリズムはどこへ行ったか』(二〇二二年)に続き四冊目となる。さらに歴史論集『日本の武器生産と武器輸出』の出版も近く予定している。高須さんには、あらためて御礼申したい。ありがとうございました。

二〇二三年一二月

纐纈　厚

［著者略歴］

纐纈厚（こうけつ　あつし）

1951年岐阜県生まれ。一橋大学大学院社会学研究科博士課程単位取得退学。博士（政治学、明治大学）。現在、明治大学国際武器移転史研究所客員研究員。前明治大学特任教授、元山口大学理事・副学長。専門は、日本近現代政治軍事史・安全保障論。

著書に『日本降伏』（日本評論社）、『侵略戦争』（筑摩書房・新書）、『日本海軍の終戦工作』（中央公論社・新書）、『田中義一　総力戦国家の先導者』（芙蓉書房）、『日本政治思想史研究の諸相』（明治大学出版会）、『戦争と敗北』（新日本出版社）、『日本の武器生産と武器輸出― 1874〜1962』『崩れゆく文民統制』『重い扉の向こうに』『リベラリズムはどこへ行ったか』（緑風出版）など多数。

ウクライナ停戦《ていせん》と私《わたし》たち
ロシア・ウクライナ戦争と日本の安全保障

2024年1月30日　初版第1刷発行　　定価2,000円＋税

著　者　纐纈　厚©
発行者　高須次郎
発行所　緑風出版
〒113-0033　東京都文京区本郷2-17-5　ツイン壱岐坂
［電話］03-3812-9420　［FAX］03-3812-7262［郵便振替］00100-9-30776
［E-mail］info@ryokufu.com［URL］http://www.ryokufu.com/

装　幀　斎藤あかね
制　作　アイメディア　　印　刷　中央精版印刷
製　本　中央精版印刷　　用　紙　中央精版印刷　　E1200

ISBN978-4-8461-2315-4　C0031